大数据背景下大型工业用多级
离心压缩机建模及其应用

褚　菲　贾润达　著

科学出版社

北　京

内 容 简 介

　　本书为大数据背景下大型工业用多级离心压缩机的建模方法提供了较为完整的理论框架。第 1 章概述了工业大数据的机遇和挑战、离心压缩机的工业应用及其建模研究现状。第 2 章介绍了离心压缩机的工作原理和典型结构、离心压缩机与管网联合运行以及离心压缩机的性能曲线。第 3 章和第 4 章分别介绍了离心压缩机的机理模型建模方法和混合模型的结构。第 5 章介绍了基于多元统计回归技术的离心压缩机出口参数建模与预测方法。第 6 章介绍了基于人工神经网络的离心压缩机出口参数建模与预测方法。第 7 章介绍了离心压缩机的防喘控制模型及其在联合循环发电机组上的应用。

　　本书可以作为自动化和其相关专业本科生及研究生扩充知识领域的教学用书及参考书，同时也对从事机械相关领域研究的科研人员及工程技术人员有一定的参考价值。

图书在版编目（CIP）数据

大数据背景下大型工业用多级离心压缩机建模及其应用/褚菲，贾润达著.
—北京：科学出版社，2017.11
　ISBN 978-7-03-055465-9

　Ⅰ．①大… Ⅱ．①褚… ②贾… Ⅲ．①离心式压缩机-系统建模
Ⅳ．①TH452

中国版本图书馆 CIP 数据核字（2017）第 279967 号

责任编辑：李涪汁　冯　钊 /责任校对：彭珍珍
责任印制：赵　博 /封面设计：许　瑞

科学出版社 出版
北京东黄城根北街 16 号
邮政编码：100717
http://www.sciencep.com

北京凌奇印刷有限责任公司印刷
科学出版社发行　各地新华书店经销
*
2017 年 11 月第 一 版　开本：720 × 1000 B5
2024 年 4 月第四次印刷　印张：13
字数：260 000
定价：88.00 元
（如有印装质量问题，我社负责调换）

前　　言

在介绍本书内容之前，不得不承认，大数据和人工智能的时代已经到来，并将深刻改变人类社会生活，改变世界。为了抢抓大数据和人工智能发展的重大战略机遇，发挥大数据和人工智能发展的先发优势，大数据和人工智能成为世界各国竞争的新战场。制造业无疑是一个国家综合国力最重要的体现，也是决定其国民生活水平的重要条件。世界在经历了互联网泡沫和金融危机之后，各大国都重新意识到制造业的重要性，并以制造业为核心开始重新审视自身竞争力的优劣。德国因此率先提出了"工业4.0"研究项目，旨在提升制造业的智能化水平，建立具有适应性、资源效率及人因工程学的智慧工厂，在商业流程及价值流程中整合客户及商业伙伴等。美国和日本相继提出了"制造美国"和"工业价值链（IVI）计划"。中国在经历了改革开放三十多年的发展后，已经成为世界制造业的新中心，大国工程不断推陈出新，"一带一路"构想不断提升我国的大国地位。在新一轮的工业革命中，中国也感受到来自世界各国新技术战略的压力，相继提出了"中国制造2025""互联网＋"和"供给侧改革"等多项措施，并且在最近（2017年7月8日）又推出了《新一代人工智能发展规划》。那么如何在这场工业革命中取得先机，加快实现智能制造？大数据和人工智能是实现这一目的的重要核心技术。因此，如何将大数据和人工智能技术应用到生产、生活和社会运行控制管理中去，并培养相应的高素质人才是我们教育工作者和科研工作者需要思考和努力的方向。

离心压缩机是动力、制冷、冶金、石化、气体分离以及天然气输送等工业部门广泛使用的大型关键设备，广泛应用于油田注气和气举、炼油厂气体压缩、氨合成、氟利昂制冷、空气分离以及管道气体输送等领域。从20世纪70年代开始，我国离心压缩机有了很大发展，无论是技术水平、工艺装备还是运行管理都有了很大提高。特别是大型离心压缩机机组的国产化，打破了国外厂商长期垄断我国离心压缩机市场的局面，标志着我国的离心压缩机制造水平正向国际先进水平迈进。但是根据目前国际技术来看，我国离心压缩机在产品质量和运行管理上与国外相比还有差距，国内离心压缩机制造企业的开发能力、制造和控制技术水平等还不能完全满足国内工业生产需要，部分用户对国内离心压缩机产品不满意、不放心。目前，很多高端的离心压缩机仍需要从国外进口。

目前国内离心压缩机的研究主要集中在三个方面：一是三维工程设计开发，二是转子及轴承系统设计和开发，三是智能型计算机控制系统的开发。前两个研究内容主要针对压缩机的设计和制造，而第三个研究内容是针对离心压缩机的实际运行管理。在实际生产中，离心压缩机的控制系统是十分重要的，设计良好的控制系统可以弥补设计上的不足，不仅能使离心压缩机满足生产工艺流程的需要，而且能够使离心压缩机更稳定、更高效地运行。设计一个可靠的控制系统，数学模型起到了至关重要的作用。建立离心压缩机精确的数学模型，有助于进一步加深人们对离心压缩机工作原理及其特性的理解。设计人员和制造人员可以利用精确的数学模型进行仿真实验，根据仿真结果调整离心压缩机的结构参数，大大缩短了设备的设计、制造周期，降低生产成本。对于控制工程技术人员，精确的数学模型是应用各种先进控制算法的前提，有了精确的数学模型，可以进行各种离线仿真实验，设计出最优的控制算法，从而保证离心压缩机稳定、高效运行。因此，建立精确的离心压缩机模型对于减少生产周期、实现高级控制算法具有十分重要的意义。然而，离心压缩机的内部结构异常复杂，内容原理涉及机械学、气动力学、热力学等多个学科，建立一个精准的数学模型非常困难。

　　本书内容是我近几年来有关离心压缩机建模研究工作的一个总结。最早接触离心压缩机是通过参与我导师的一个科研课题，在此课题进行过程中，我发现国内离心压缩机的控制系统及装备水平都落后于美国、日本等国家。因此，在其后的几年时间里，基于我的专业理论基础和对实际工业生产需求的理解，在离心压缩机的建模研究方面做了一系列有益的探讨，围绕离心压缩机的机理建模、混合建模、智能建模以及防喘控制策略等发表了一系列论文，并申请授权了相关专利。我在离心压缩机常规机理建模研究的基础上，进一步探讨了数据驱动和基于人工神经网络的离心压缩机智能和快速建模方法，作为大数据和人工智能技术在大型工业压缩机领域的一个初步的大胆尝试，希望我们的工作有益于推动大数据和人工智能技术在工业界的应用，并助推离心压缩机控制管理水平的不断改进与提升。本书第 1 章介绍了大数据时代的机遇与挑战、离心压缩机的工业应用和建模研究现状；第 2 章介绍了离心压缩机的工作原理、性能曲线和运行；第 3 章介绍了离心压缩机的机理模型及参数分析；第 4 章介绍了离心压缩机的混合模型；第 5 章介绍了基于多元统计回归技术的离心压缩机建模方法；第 6 章介绍了基于人工神经网络的离心压缩机建模方法；第 7 章介绍了离心压缩机防喘控制模型及其应用。

　　本书涉及的研究成果得到了国家自然科学基金项目（No.61074074，No.61174130，No.61004083）、863 计划资助项目（2011AA060204）和 973 计划子课题资助项目（2009CB 320601）的支持与资助，另外，本书是在国家自然科学基金资助项目（No.61503384）、江苏省自然科学基金资助项目（No.BK20150199）、江苏省博士后基金资助项目（1501081B）和中央高校基本科研业务费（2015QNA65）的直接资助下完成的，研究生程相、代邦武、王洁、梁涛和赵旭等在书稿的编辑和校对等方面做了很多工作。本书的很多研究成果是在我的导师东北大学副校长王福利教授的直接指导下完成的，感谢导师多年的培养，正是导师的谆谆教导才使得我有勇气在科学道路上不断前行，特别感谢沈阳建筑大学机械工程学院院长、国家教育部长江学者特聘教授王珂教授、东北大学信息科学与工程学院自动化研究所所长毛志忠教授对本书内容的指导和引领，感谢中国矿业大学智能系统与先进控制研究所所长马小平教授的鼓励和支持，感谢中国矿业大学信息与控制工程学院现任领导和所有同事长期以来的鼓励和支持，感谢各位专家、朋友和家人长久以来对我们工作的大力支持。在本书正式出版之际，再次向他们表示衷心的感谢。

褚　菲

2017 年 9 月于中国矿业大学

智能系统与先进控制研究所

目　　录

1 绪 论

在工业互联网、大数据、智能制造的时代背景下，中国制造业正进一步夯实基础、推进变革。压缩机作为工业生产中一种极为常见和广泛使用的设备，其制造和优化控制运行水平对我国工业及制造业的升级与变革起到非常重要的作用。离心压缩机机理复杂，运行环境多变，其建模、性能预测和优化控制等问题极具挑战性，相关理论课题研究具有非常重要的科学意义和实际应用价值。本书的研究内容将有助于推进大数据及其分析技术在离心压缩机建模和性能预测方面的应用，为离心压缩机的控制和优化运行提供理论基础，同时为大数据技术在工业中的应用提供方法借鉴。

1.1 工业大数据的机遇与挑战

近年来，随着计算机技术以及数据存储手段的不断发展，各行各业都积累了大量的数据，如何利用这些大量的数据从中发现一些有价值的信息，已经成为目前的一个研究热点。随着互联网、物联网、云计算以及人工智能等技术的迅速发展和广泛应用，大数据（big data）时代已经到来[1]。2001 年，Gartner 公司的一份研究报告首次出现"大数据"概念的提法。2008 年，*Nature* 第一次推出了 *Big Data* 专刊[2]。2011 年 2 月，*Science* 也推出了名为 *Dealing with Data* 的专刊[3]，围绕科学研究中大数据的相关问题展开了一系列的讨论。2013 年被称为"大数据元年"，此后，大数据一词越来越多地被提及，人们用它来描述和定义信息爆炸时代产生的海量数据，并命名与之相关的技术发展及创新。同时，越来越多的政府、企业等机构也开始意识到，数据正在成为机构最重要的资产，数据分析能力正在成为它们的核心竞争力。大数据在物理学、生物学、环境生态学等学科以及军事、金融、通信等行业存在已久，近年来，互联网和信息行业应用大数据取得了十分显著的效果。大数据技术在我国也呈现了快速发展的趋势，国内金融业、互联网、通信、电子商务等行业应用大数据技术都取得了良好的效果。近些年，O'Driscoll 等[4]尝试将云计算和 Apache Hadoop 等大数据技术应用到大数据分析中；Herodotou 等[5]又在 Apache Hadoop 的基础上，提出了大数据分析的自动校正系统 Starfish，该系统可以使用户更容易达到自己的需求。

近两年，随着工业 4.0 和中国制造 2025 的提出，利用数据分析技术得到智能信息并创造和发现新的知识和价值成为第四次工业革命的最终目标之一[6, 7]。工业大数据是一个新的概念，泛指工业领域的大数据，既包括企业内部制造系统所产生的大量数据，也包括企业外部的大量数据。传统意义上的大数据主要指商业和互联网等行业的大数据，这些数据多为离散的相对独立的数据，因此采集这些数据的难度和工作量都很大，对所收集的数据进行简单的关联分析就可以获取一些价值，进行数据分析的主要思路是从海量的数据中找到各变量之间的关系，根据得到的结果发掘人们没有认识到的问题。而随着测量技术和DCS 等管理系统的广泛普及，过程工业中的数据采集相对比较容易，但由于其各个参数之间还存在着内在的机理等关联关系，因此其分析难度较大，而且工业生产过程对分析的精度、结论的正确性和稳定性也要求较高[8, 9]，如果按照传统意义上大数据的数据分析思路，很可能会忽略数据与数据之间原有的因果关系而得到相反或错误的结论和知识。因此，过程工业大数据分析其实是计算机科学、统计学和工程学等多学科交叉的科学，需要研究者具有全面而系统的知识[10, 11]。

过程工业大数据建模与传统过程工业数据建模相比，有如下异同[12]。

（1）二者都是面向工业过程决策、优化、控制、故障诊断的实际应用需求。

（2）二者针对的数据特点不同，传统过程工业数据建模针对的是小变量规模、短时间段的规则采样数据；而过程工业大数据建模针对的是更大范围时空尺度的不规则采样时间序列数据，且其中混杂了不真实数据信息。

（3）二者解决途径不同，传统过程工业数据建模方法集中于自动化学科，主要采用多元统计建模[13]、系统辨识方法[14, 15]来建模规则采样的数据，方法可扩展性差，在变量或样本数过大时往往难以使用，且建模前需要对建模数据进行离群点预处理等；过程工业大数据建模方法多来源于计算机学科，强调从大数据中挖掘知识，可利用统计机器学习、数据挖掘算法建模不规则采样的多时空时间序列大数据。

为此，需要结合计算机学科统计机器学习领域的最新进展将两大类方法有效融合，研究过程工业大数据建模的新问题。

1.2　离心压缩机的工业应用

压缩机广泛地应用于工业生产过程中，是生产装置中的关键设备，其主要用途是通过对气体、液体进行压缩和输送，为化学反应创造必要的条件[16]。常用的压缩机有离心式压缩机、轴流式压缩机、往复式压缩机和螺杆式压缩机等。大多数压缩机输送的介质为天然气、石油混合气、乙烯、丙烯、氯气、氨气、二氧化碳、氮气、氢气、氧气或者空气等。压缩机作为工业生产中的关键设备，对工业的发展起着十分重要的作用。多年来，我国压缩机制造业虽然已经攻克了不少难关，取得了许多重大突破，但是在高技术、高参数、高质量和特殊产品等方面还不能满足国内需要。

离心压缩机作为压缩机的一种，已经有了百余年的发展历史。最初的压缩机基本上是用来把大气中的空气增压，作为空气动力以提供给冶金行业提高冶炼强度，最初的压缩机主要应用于空分、冶金、空气动力站等领域。随着技术的发展，离心压缩机技术在不断地改进，其应用范围也逐渐扩大，离心压缩机开始广泛应用于工艺流程和气体输送等重要领域，如石油精炼领域、制酸领域、燃气-蒸汽联合循环发电领域、新型煤化工领域、大型空气分离设备领域等[17]。离心压缩机还在航天、能源、化工及冶金等部门发挥着极其重要的作用。如图 1.1 所示，其为离心压缩机的具体应用。

图 1.1 离心压缩机的具体应用

离心压缩机是动力、制冷、冶金、石化、气体分离以及天然气输送等工业部门广泛使用的大型关键设备，广泛应用于油田注气和气举、炼油厂气体压缩、氨合成、氟利昂制冷、空气分离以及管道气体输送等领域。图 1.2 是离心压缩机的外观图。离心压缩机主要应用于中、低压力和大流量的场合，其流量范围一般为$0.24\sim94.39m^3/s$[18, 19]。离心压缩机有很多优点，如体积小、流量大、重量轻、易损件少、输送气体无油气污染等，但也有其本身难以克服的缺点，如运行效率较低、容易发生喘振等[20]。

图 1.2　离心压缩机的外观图

从 20 世纪 70 年代开始，我国离心压缩机有了很大发展，无论是技术水平、工艺装备和运行管理都有了很大提高，但是根据目前国际技术来看，我国离心压缩机在技术水平、产品质量和成套性上与国外相比还有差距。在离心压缩机国产化方面，国内可以生产石化用离心压缩机的制造企业主要有沈阳鼓风机集团股份有限公司、上海鼓风机厂有限公司、陕西鼓风机（集团）有限公司等。沈阳鼓风机集团股份有限公司从意大利新比隆公司引进了 MCL、BCL、PCL 三个离心压缩机系列的全套设计制造专利技术，经过消化吸收和进一步开发创新，取得了一系列重大成果，形成了自主知识产权的离心压缩机技术，实现了自主开发、设计和制造。

大型离心压缩机机组的国产化，打破了国外厂商长期垄断我国离心压缩机市场的局面，标志着我国的离心压缩机制造水平正向国际先进水平迈进。但由于国内离心压缩机制造企业的开发能力、制造技术水平还不能完全满足工业生产需要，部分用户对国内离心压缩机产品不满意、不放心，目前仍有 30%的离心压缩机需要从国外进口[18, 21]。

随着科技的进步，工业生产的发展也更加迅速，高技术在工业中的应用不断深入。目前，新的工艺技术给我国的工业带来了新的转变，国内也在相关领域逐步形成了自己的核心技术和专有技术。工业的发展对离心压缩机的需求越来越大，同时也对离心压缩机制造技术提出了更高的要求。工业生产规模的大型化要求离心压缩机向大型、系列成套、高效率、机电一体、节能环保、高可靠性、低噪声、长寿命方向发展，更多地按照生产工艺参数采用专用、个性化设计和制造，以使设备在最佳设计工况下运行。

1.3　离心压缩机建模研究现状

建立离心压缩机精确的数学模型能够进一步加深人们对离心压缩机工作原理以及特性的理解。设计、制造人员可以利用精确的数学模型进行仿真实验，根据仿真结果调整离心压缩机的结构参数，大大缩短了设备的设计、制造周期，降低了生产成本。对于控制工程技术人员，精确的数学模型是应用各种先进控制算法的前提，有了精确的数学模型，可以进行各种离线仿真实验，设计出最优的控制算法，从而保证离心压缩机稳定、高效运行。因此，建立精确的离心压缩机模型对于减少生产周期、实现高级控制算法具有十分重要的意义。

18 世纪初期，Papin 给出了最早的离心式叶轮机械的设计方法，在他出版的著作中介绍了离心泵的设计方法。从那以后，离心式叶轮机械开始逐步得到发展。19 世纪，离心式压缩机伴随着叶轮机械理论的发展得到了迅速的发展。在这一时期，Leonhard Eula 建立了叶轮机械中的基本能量方程，Lazare Carnot 指出在叶轮进口，流体应光滑顺利地流入叶轮，即零攻角状态，他还指出，为了获得高效率应减小叶轮出口动能。这一阶段的标志性成果是离心压缩机中开始使用有叶扩压器[22]。从 20 世纪开始至今是离心压缩机技术迅猛发展的时期。在这一时期，产生了对离心压缩机发展具有划时代意义的理论和方法。

国内外的学者主要从实验和数值模拟两个方面围绕离心压缩机做了大量的探讨研究。在压缩机的研究中，大部分都是针对级中的重要部件叶轮、扩压器和蜗壳等展开的。目前压缩机的模型计算一般有两种方法，都是基于流动过程的描述：一元模型只能描述轴对称的流动，而二元模型能够预测轴方向和其他方向的流动变化[23]。在文献[24，25]中描述的模型源于应用物料平衡、能量守恒和空气动力学方程的一般模型。这些模型能够应用于一般的压缩机系统，而且也能描述轴流和离心压缩机喘振时的动态特性。然而，一个以控制为导向的高频模型已经能够很好地应用于控制器的设计[26]。

1955 年，Emmons 等[27]第一次尝试以亥姆霍兹共振器为原型建立压缩机的模型，他提出的压缩机模型由压缩机、管道、容器和节流阀组成；Greitzer 和 Moore 以 Emmons 模型为基础，提出了适合于防喘振控制器设计的压缩机动态模型。对于轴流压缩机的动态特性分析和控制器设计，低阶的 Greitzer 模型[28]、Moore 模型[29]和 Greitzer-Moore 模型[30]得到了广泛的应用。Greitzer 模型和 Greitzer-Moore

模型能够预测压缩机开始不稳定之后的暂态特性。在这两个模型中，都采用亥姆霍兹共振器来引发喘振。另外，Moore 模型描述了压缩机在进口和出口压力是常数的情况下，旋转脱离团在切线方向上的传播。在 Greitzer 模型和 Greitzer-Moore 模型中，旋转失速被认为是引发 modal wave 的原因。Day[31]证明旋转失速不是引发 modal wave 的原因，因为脱离团在没有 modal wave 的情况下也能够形成。Greitzer-Moore 模型既能够预测旋转失速也能预测喘振。然而，它不能够描述在不同质量流量下，低阶和更高阶的旋转失速模型[32, 33]。通过分析时加入所谓的叶片排列时滞，Haynes 等[34]解决了这个问题。

　　通过 Badmus 等和 Botros 的研究分析，在管道中的流体被假设成是不可被压缩的。这个假设仅仅适用于低速的压缩机。另外，压缩性的影响在离心压缩机中很重要，因为离心压缩机要获得更高的升压。叶片的尖端中心比也应该非常小，所以径向的影响就可以忽略。但是，这些影响在离心压缩机中却非常重要。例如，应用 Greitzer 模型在离心压缩机中就产生了冲突的结果。Hansen 等[35]在小型单级离心压缩机中模拟了深度喘振。为了适当地选择压缩机非稳定状态的时间滞后常数，Greitzer 通过实验证明了其模型中的时间常数与实验结果一致。Fink 等[36]在带小型涡轮增压器的离心压缩机深度喘振的实验中得到了很差的效果，但是，在 Greitzer 模型中加入了转子转速变化的影响，明显地在定性和定量上改进了模型与实验结果的一致性。转速的变化也加入到了 Botros 与 Gravdahl 和 Egeland[37]的模型中。另外，在 Gravdahl 和 Egeland 的模型中，基于 Fink 模型，加入了轴动力学部分，根据压缩机的能量损耗来模拟压缩机的性能曲线，提高了模型精度。汪玉春等[38]根据不同折合相对转速下的压缩比-折合流量特性曲线的变化规律，建立了离心压缩机压缩比与折合流量、折合相对转速关系的几何模型和广义多项式模型。韩明等[39]在描述机内流动、各种损失与压力升高的物理模型的基础上，建立了多级轴流压缩机设计工况下的性能预测模型。张春梅等[40]以压缩机系统不稳定现象的 Greitzer-Moore 模型为基础提出了高阶 Galerkin 扩展形式，并进行了稳定性分析，得到旋转脱离和喘振的条件：旋转脱离仅受阀门参数的影响，而喘振受阀门参数、稳定性参数两者的综合影响。

　　以上是国内外学者建立的基于压缩机内部结构、内部能量转换和损失的多种机理模型。考虑压缩机的每个工作部分会使模型复杂化，这就为后续的工作增添了难度。利用从生产过程中收集的丰富数据建立数学模型，这种数据驱动建模技术由于建模速度快、模型精度高，且对过程机理知识要求不高等优势得到了广泛关注[41]。计算机技术和集散控制系统（DCS）应用的快速发展使得大量的场测量数据被存储，这就为实现数据驱动建模提供了可能。目前，一些基于数据驱动建模的方法有：偏最小二乘支持向量机、基于偏最小二乘的非线性方法、非线性时间序列的分析方法、神经网络模型[42, 43]等。

Chu 等[44,45]尝试建立了一个精确可靠的 KPLS 回归模型来预测离心压缩机在额定工况和变工况条件下的性能，主要集中在预测离心压缩机的主要技术指标，即压比和效率，基于 KPLS 的性能预测和利用来自实际汽轮发电机组稳定的压缩机数据建立的三层反馈的 BP 神经网络模型以及仿真进行对比。Wang 等[46]利用过程数据以及采用数据驱动的建模方法来建立基于 RBF 神经网络的离心压缩机模型，论证了协同聚类方法能够很好地解决 RBF 神经网络的神经元问题，所构建的模型在离心压缩机的重要性能参数、压比预测等方面性能良好。Jiang 等[47]以热流体力学为基础建立了一种动态的离心模型，该模型能够在虚拟试验平台计算环境里进行系统仿真。为了方便在虚拟仿真平台上进行实验，以电阻的形式来描述非线性控制方程，Gravdahl 等[48]建立了适合离心压缩机喘振控制设计的模型，并对模型进行了实验验证。

参 考 文 献

[1] 韩晶. 大数据服务若干关键技术研究[D]. 北京：北京邮电大学，2013.

[2] Crasso M，Zunino A，Campo M. Easy web service discovery：A query-by-example approach[J]. Science of Computer Programming，2008，71（2）：144-164.

[3] Chirita P A，Nejdl W. 13th International Conference，SPIRE 2006，Glasgow，UK，October 11-13，2006[C]. Berlin：Springer，2006：86-97.

[4] O'Driscoll A，Daugelaite J，Sleator R D. ' Big data'，Hadoop and cloud computing in genomics[J]. Journal of Biomedical Informatics，2013，46（5）：774-781.

[5] Herodotou H，Lim H，Luo G，et al. 5th Biennial Conference on Innovative Data Systems Research（CIDR），January 9-12，2011[C]. California：ACM Press，2011.

[6] 李杰，刘宗长. 中国制造 2025 的核心竞争力——挖掘使用数据[J]. 博鳌观察，2015（4）：52-55.

[7] 彭文文. 工业 4.0：从自动生产到智能制造[J]. 大飞机，2014（7）：40-42.

[8] 王宁玲，付鹏，陈德刚，等. 大数据分析方法在厂级负荷分配中的应用[J]. 中国电机工程学报，2015，35（1）：68-73.

[9] 孔宪光，章雄，马洪波，等. 面向复杂工业大数据的实时特征提取方法研究[J]. 西安电子科技大学学报，2016，43（5）：78-83.

[10] Hand D J. Data mining：Statistics and more?[J]. American Statistician，1998，52（2）：112-118.

[11] Hand D J. Statistics and data mining：Intersecting disciplines[J]. Acm Sigkdd Explorations Newsletter，1999，1（1）：16-19.

[12] 刘强，秦泗钊. 过程工业大数据建模研究展望[J]. 自动化学报，2016，42（2）：161-171.

[13] Zhou X J. Enhancing g-support vector regression with gradient information[J]. Acta Automatica Sinica，2014，40（12）：2908-2915.

[14] Cao P F，Luo X L. Wiener structure based modeling and identifying of soft sensor systems[J]. Acta Automatica Sinica，2014，40（10）：2179-2192.

[15] Qian F C，Huang J R，Qin X Q. Research on algorithm for system identification based on robust optimization[J]. Acta Automatica Sinica，2014，40（5）：988-993.

[16]　沈江. 压缩机组主辅设备振动与噪声抑制方法及海洋平台水下声发射检测机理研究[D]. 北京：北京化工大学，2014.

[17]　王学军，葛丽玲，谭佳健. 我国离心压缩机的发展历程及未来技术发展方向[J]. 风机技术，2015，57（3）：65-77.

[18]　王延俊. 石化工业发展与压缩机需求展望[J]. 通用机械，2006，（1）：24-27.

[19]　尼森菲尔德 A. 埃利. 离心压缩机操作与控制原理[M]. 北京：机械工业出版社，1982.

[20]　黄钟岳，王晓放. 透平式压缩机[M]. 北京：化学工业出版社，2004.

[21]　赵远扬，李连生，束鹏程. 压缩机的技术现状及其发展趋势[J]. 通用机械，2005（9）：36-37.

[22]　杨策，施新. 径流式叶轮机械理论及设计[M]. 北京：国防工业出版社，2004.

[23]　Longley J. A review of nonsteady flow models for compressor stability[J]. ASME J. Turbomachinery，1994，116（2）：202-215.

[24]　Badmus O，Eveker K，Nett C. Control-oriented high-frequency turbomachinery modeling：General ID model development[J]. ASME J. Turbomachinery，1995，117（3）：320-335.

[25]　Botros K. Transient phenomena in compressor stations during surge[J]. ASME J. Eng. Gas Turbines and Power，1994，116（1）：133-142.

[26]　Badmus O，Chowdhury S，Eveker K，et al. Control-oriented high-frequency turbomachinery modeling：Single-stage compression system one-dimensional model[J]. ASME J. Turbomachinery，1995，117（1）：47-61.

[27]　Emmons H W，Pearson C E，Grant H P. Compressor surge and stall propagation[J]. Transactions on ASME，1955，77：455-469.

[28]　Greitzer E. Surge and rotating stall in axial flow compressors. Part Ⅰ：Theoretical compression system model[J]. ASME J. Eng. Power，1976，98（2）：191-198.

[29]　Moore F. A theory of rotating stall of multistage axial compressors：Part Ⅰ，Ⅱ and Ⅲ[J]. ASME J. Eng. Gas Turbines and Power，1984，106（2）：313-336.

[30]　Moore F，Greitzer E. A theory of post-stall transients in axial compression systems：Part Ⅰ-Development of equations[J]. ASME J. Eng. Gas Turbines and Power，1986，108（1）：68-78.

[31]　Day I. Stall inception in axial flow compressors[J]. ASME J. Turbomachinery，1993，115（1）：1-9.

[32]　de Jager B. Rotating stall and surge control：A survey[J]. IEEE Conf. Decision and Control，1995，2（34）：1857-1862.

[33]　Gu G，Banda S，Sparks A. An overview of rotating stall and surge control for axial flow compressors[J]. IEEE Conf. Decision and Control，1996，5（35）：2786-2791.

[34]　Haynes J，Hendricks G，Epstein A. Active stabilization of rotating stall in a three-stage axial compressor[J]. ASME J. Turbomachinery，1994，116（2）：226-239.

[35]　Hansen K，Jorgensen P，Larsen P. Experimental and theoretical study of surge in a small centrifugal compressor[J]. ASME J. Eng. Fluids，1981，103（3）：391-395.

[36]　Flink D A，Cumpsty N A，Greitzer E M. Surge dynamics in a free-spool centrifugal compressor[J]. ASME J. Turbomachinery，1992，114：321-332.

[37]　Gravdahl J T，Egeland O. Compressor Surge and Rotating Stall：Modeling and Control[M]. London：Springer Science and Business Media，2012.

[38]　汪玉春，秦新言，郭怡，等. 输气干线压缩机模型的最优化研究[J]. 天然气工业，2005，25（9）：113-115.

[39]　韩明，谷传纲，王彤，等. 多级轴流压缩机总体性能预测模型的建立及其优化[J]. 上海交通大学学报，2005，39（2）：182-185.

[40] 张春梅, 张超, 徐自力, 等. 压缩机系统高阶 Moore-Greitzer 模型的动态行为分析[J]. 西安交通大学学报, 2007, 41 (1): 451-456.

[41] Chu F, Dai B, Dai W, et al. Rapid modeling method for performance prediction of centrifugal compressor based on model migration and SVM[J]. IEEE Access, 2017, 5 (99): 21488-21496.

[42] 褚菲, 王福利, 王小刚, 等. 基于径向基函数神经网络的多级离心压缩机混合模型. 控制理论与应用, 2012, 29 (9): 1205-1210.

[43] 褚菲, 王福利, 王小刚. 大型离心压缩机性能预测的混合建模方法研究, 仪器仪表学报, 2011, 32 (12): 2821-2826.

[44] Chu F, Wang F L, Wang X G, et al. Performance modeling of centrifugal compressor using kernel partial least squares[J]. Applied Thermal Engineering, 2012, 44 (44): 90-99.

[45] Chu F, Wang F, Wang X, et al. A kernel partial least squares method for gas turbine power plant performance prediction[C]//中国控制与决策会议. 2012: 3170-3174.

[46] Wang X G, Zhang K R. Modeling of centrifgal compressor using RBF neural network based on cooperative clustering[C]//2013 2nd International Conference on Measurement, Information and Control, 2013.

[47] Jiang W, Khan J, Dougal R A. Dynamic centrifugal compressor model for system simulation[J]. Journal of Power Sources, 2006, 158: 1333-1343.

[48] Gravdahl J T, Willems F, Jager B D, et al. Modeling for surge control of centrifugal compressor: Comparison with experiment[C]//Proceedings of the 39th IEEE Conference on Decision and Control. Sydney, Australia, 2000: 1341-1346.

2 离心压缩机的工作原理、性能曲线和运行

离心压缩机是一种高速旋转机械，广泛应用于工业上需要对气体进行压缩的场合。本章首先介绍离心压缩机的工作原理与结构；接着对离心压缩机的性能曲线和管网特性进行分析；最后阐述离心压缩机在工作中经常遇到的两种不稳定情况：旋转失速和喘振。

2.1 离心压缩机的工作原理与结构组成

离心压缩机属于速度式透平压缩机的一种。透平压缩机是一种叶片式旋转机械，它利用吸气室将气体吸入，通过叶轮对气体做功，使气体的压力、速度、温度提高，然后流入扩压器，使速度降低，压力提高。弯道和回流器主要起导向作用，使气体流入下一级继续压缩。最后，由末级出来的高压气体经蜗室和出气管道输出，将动能转变为压力的提高[1]。

从外观上看，一台离心压缩机，首先是机壳，它又称气缸，通常是用铸铁或铸钢浇铸而成。压缩机本体结构可以分为两大部分：转子和静子。一台离心压缩机的结构如图 2.1 所示。

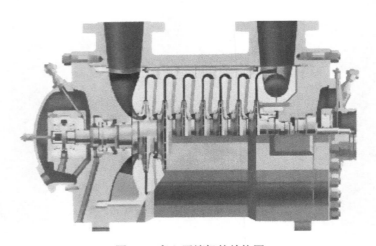

图 2.1　离心压缩机的结构图

在压缩机理论中常常顺着气体流动路线，将压缩机分成若干个级。所谓级就是由一个叶轮和与之相配合的固定元件构成的基本单元。现对压缩机级的通流元件分别叙述如下[2]：

（1）吸气室：在每段第一级入口都设有吸气室，将气体从进气管均匀地引入叶轮进行压缩。

（2）叶轮：叶轮又称工作轮，是压缩机中最重要的部件。它随轴高速旋转，气体在叶轮中承受旋转离心力和扩压流动的作用，由叶轮出来后，压力和速度都得到提高。从能量转换观点来看，压缩机中的叶轮是将机械能传给气体，以提高气体能量的唯一元件。

（3）扩压器：气体从叶轮流出时，具有很高的流动速度，为了将这部分动能充分地转变为势能，以提高气体的压力，紧接叶轮设置了扩压器。一般扩压器分无叶扩压器和叶片扩压器，无叶扩压器是由前、后隔板组成的通道，而叶片扩压器则在前后隔板之间设置了叶片。无论何种扩压器，随着直径的增大，通流面积都随之增加，使气体流速逐渐减慢，压力得到提高。

（4）弯道与回流器：为了把从扩压器出来的气体引导到下一级去继续压缩，设有使气流拐弯的弯道和把气流均匀地引入下一级叶轮入口的回流器。弯道是由隔板和气缸组成的通道，回流器则由两块隔板和装在隔板之间的叶片组成。

（5）蜗壳：蜗壳的主要作用是把从扩压器出来的气体汇集起来，并引出机外。在大多数情况下，由于蜗壳外径逐渐增大，通流面积也增大，因此还可以起到一定的扩压作用。离心式压缩机本体除了上述元件外，还有许多元件，由于这些元件与本书关系不大，因此在这里不做详细介绍。

2.2 离心压缩机性能曲线

压缩机的性能曲线反映压缩机参数之间的关系，即整机的效率、压力与流量之间的关系曲线。图 2.2 为某压缩机的性能曲线。这里除了效率、压比或压升外，还将压缩机的功率与流量的关系也做成性能曲线表示在同一图上。因功率大致反比于质量流量及所需的功即理论能量头，所以在理论能量头变化不太明显时，功率将随流量的增加而减小。但单流量增大较多时，理论能量头将下降，也即压比将下降。特别当流量增大显著时，压比将明显下降，也可能使功率下降。

多级压缩机的稳定工况范围较窄，且主要取决于最后几级。因此，为了扩大整机的稳定工况范围，应尽量设法使后面级的性能曲线平坦些。

上面所讲的压缩机性能曲线，都只是在某个转速下得出的。在不同转速时，会得到不同的性能曲线，如图 2.3 所示。在每一个转速下，每条压比与流量的关系曲线的左端点为各自的喘振点，压缩机只能在喘振点的右面性能曲线上正常工作。

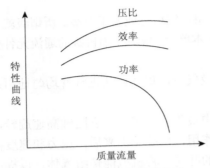

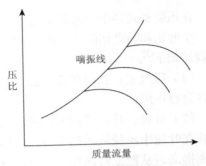

图 2.2　某压缩机的性能曲线　　　　图 2.3　不同转速下压缩机的性能曲线

当转速增大时，压缩机的压比及出口压力将明显增大。另外，当转速增大时，气流的马赫数也增大，这时流量若偏离设计值，就会使损失大大增加，而使稳定工况范围缩小。所以转速增高时，压缩机的性能曲线将变陡。

根据上面对压缩机性能曲线的分析，可以归纳出下面几点结论[3-5]。

（1）在一定转速下，增大流量，压缩机的压比将下降，反之，则上升。

（2）在一定转速下，当流量为某值时，压缩机有最高效率。当流量大于或小于此值时，效率都将下降。一般常以此流量的工况点为设计工况点，这时的流量为设计流量。

（3）压缩机性能曲线的左边受到喘振工况的限制，右边受到堵塞工况的限制。在这两个工况之间的区域，为压缩机可以正常工作的稳定工况区。稳定工况范围的大小，也是衡量压缩机性能的一个重要指标。

（4）压缩机的级数越多，则气体受密度变化的影响越大，性能曲线越陡，稳定工况范围也越窄。

（5）转速越高，压缩机性能曲线就越陡，稳定工况范围也越窄。此外，转速增大时，整个性能曲线将向大流量方向移动。

目前，尚没有理论上计算压缩机性能曲线的可靠方法，特别是缺乏工况变化时级与级之间互相影响的试验数据。所以一般性能曲线都是通过对实物做试验时实测得到的。

相对来说，离心压缩机比轴流压缩机有较平坦的性能曲线和较宽的工作范围。这是因为在变工况时，轴流压缩机性能受冲角变化的影响更敏感、更严重些，其级间相互影响也较离心压缩机更明显。另外，试验表明，具有无叶扩压器的离心压缩机较具有叶片扩压器的压缩机，有较平坦的性能曲线和较窄的稳定工况范围。这是因为扩压器中装有叶片，当工况变化时，气流的方向角与叶片安装角不一致，易使气流分离而导致流动恶化。在无叶扩压器中，由于没有叶片，对变工况就不那么敏感了。

一般情况下，只做出稳定工况区域内的性能曲线，在喘振区内，当然也可以有性能曲线，但通常只在专门的喘振试验时才表示它。另外，喘振点大多发生在性能曲线最高点左侧的下降线上。由于离心压缩机性能曲线的左支可能稍长一些，有时也可在图上表示出来，不过常见的仍是以最高点为喘振点，因为这样偏差不大，而且对运行更安全些[3]。

2.3　压缩机与管网联合运行

任何一台压缩机，总是根据综合条件和要求设计的，在这个设计工况下，通常要求有最高的效率。但在实际运行中，压缩机并不总是在设计点工作的，这是由于压缩机是与一定的管网系统一起联合工作的。管网系统的参数及外界条件是可能有变化的，这就要求压缩机能适应管网特性的要求，改变自己的参数，于是就产生了所谓的变工况问题。

所谓管网系统，是指压缩机后面压缩气体所需经过的全部装置的总称。例如，化工用的压缩机，就与化工设备的各种管道和容器联合工作。有时管网系统也可能装在压缩机的前面，这时的压缩机就变为抽气机、吸气机。也有一部分管网在压缩机前面，而另一部分管网则装在压缩机后的装置系统。为了分析方便，这里一律把管网系统看成是装在压缩机后的情况来讨论。

当经压缩机压缩后的气体通过管网系统时，气体压力不断下降。换言之，气体通过管网时，要克服一系列阻力而产生压力损失，这些损失主要是沿管道长度的速度损失和局部阻力损失。

每一种管网系统都有自己的性能曲线，它是指通过管网的气体流量与保证这个流量通过管网所需的压力之间的关系曲线。这个压力是用来克服管网阻力的，所以管网性能曲线也称为"管网阻力曲线"。管网性能曲线可以是各种各样的，它决定于管网本身结构及用户的要求，可归纳为三种基本形式，如图 2.4 所示。

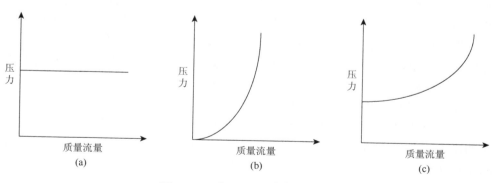

图 2.4　几种典型的管网性能曲线

　　（1）管网阻力与流量无关：如图 2.4（a）所示，这种管网性能曲线可用一条压力等于定值的水平线来表示。例如，压缩机向某一储气罐送气，储气罐的体积甚大，其中压力基本上保持不变，而压缩机和储气罐之间的连接管道又很短时，就属于这种情况。

　　（2）管网阻力与流量的平方成正比关系：如图 2.4（b）所示，根据流体力学的原理，管道的阻力大小与流速的平方成正比。在管道截面积不变的情况下，也即与流量的平方成正比时，属于这种情况。大部分管网都有这种特性。

　　（3）综合形式：如图 2.4（c）所示，是上述两种形式的综合，这也是一种相当普遍的管网性能曲线形式。

　　如果把压缩机的性能曲线和管网性能曲线表示在同一图上，横坐标用质量流量表示，纵坐标用绝对压力表示，这时两根曲线的交点就是压缩机的工作点，如图 2.5 所示。

　　如果工作点是设计工况，一般该点有最大效率，当工况点移到其他点时，效率将降低。因此，如果管网阻力计算错误，这时即使压缩机设计得很好，但由于实际运行的工作点不在设计点，效率也将降低。

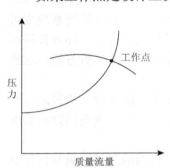

图 2.5　压缩机的工作点

　　在压缩机和管网联合工作时，二者性能曲线的交点称为平衡工作点。因为这时通过压缩机的流量与管网的流量相等，压缩机所产生的压力也正好与管网的阻力相等，这样整个系统才能保持平衡。

　　在运行过程中，这种平衡工况不能总保持稳定。对于压缩机，管网系统的稳定性问题可以用小扰动分析法来研究。严格地讲，压缩机在管网系统中总存在着各种各样的小扰动因素，它可能使性能曲线不能严格地保持原来的位置。例如，压缩机进气条件的某些变化、转速的微小变动、气流的不均匀性或参数的波动、管网阻力的某些变化等小扰动，都可能使系统离开原来处于平衡状况的工作点位置。如果小扰动过去后，工况仍能恢复到原来的平衡工作点，则这种情况就是稳定的，否则，就是不稳定的。如果没有自动调节，这种稳定性就取决于压缩机与管网二者性能曲线的关系了[3]。

　　显然，压缩机性能曲线与管网性能曲线交于压缩机性能曲线的右支时，一般都具有上述这种稳定的性质。但当二者相交于左支，且当压缩机性能曲线的斜率大于管网性能曲线时，当系统产生小扰动后，工况不再恢复到原来的平衡工作点，系统就发生喘振，压缩机性能曲线本身也不一定是连续的，更谈不上平衡工况的稳定性问题了。关于系统的稳定性及喘振工况将在下面进行详细介绍。

2.4　旋转失速和喘振

2.4.1　旋转失速

离心压缩机通流部分各级的几何尺寸及结构是根据设计工况确定的。当压缩机在设计工况下运行时，通流部分的气流和通流部分的截面面积、叶栅几何尺寸配合得很好，气流方向也和叶片的几何角相一致。这时压缩机各级工作协调、效率高。当压缩机偏离设计工况时，由压缩机性能曲线知，这时的效率、压比都将下降。当偏离情况不严重时，一般压缩机的性能虽有所下降，但仍能维持稳定工作。一旦工况变化很大，例如，在某转速下，流量大大减小或明显增大时，压缩机的工况点将由原设计点向左右移动。这时由于流道中流动情况恶化，将导致压缩机性能下降。

当压缩机在设计点工作时，气流的进气角基本上等于工作轮叶片的进口几何角，气流顺利地进入流道工作，一般不出现附面层脱离现象，损失小。但当流量增大时，气流的轴向速度增大，冲击角减小变成负值。这时气流射向工作轮叶片的非工作面，而在工作面上出现气流脱离现象，但由于气流在曲线形通道中的惯性作用，一定程度上限制了脱离的扩大化。此外，由于流量增加使流道的扩压度减小，也使气流分离不易扩大，所以在这种情况下，除了压缩机的级压比及效率都有些下降外，工作的稳定性尚不至于遭到破坏。

反之，当流量减少时，气流轴向速度减小，冲击角增大。这时气流射向叶片的工作面，使非工作面上出现脱离而且容易扩张开来。所以流量减小时，脱离发展明显。当流量减小到某临界值时，脱离严重扩张，以至充满流道的相当大部分区域，使损失大大增加，破坏了正常流动。

在叶片扩压器中的流动情况与工作轮中的类似，也是流量减小时，扩压器通道中易出现严重的脱离现象。因为在扩压器无叶片的情况下，气流运动轨迹基本上是沿对数螺旋线前进的，有了叶片之后，迫使气流改变方向，气流自然趋向于叶片的凸面而离开凹面。所以当流量增大时，凸面的气流即使发生脱离，也不易扩大；而当流量减小时，叶片凹面的气流却很容易脱离，并迅速扩张开来。所以在离心压缩机级中，流量的减小最易引起工作失常[6-8]。

如图 2.6 所示，当叶片 2 的叶背上最先出现附面层脱离后，该叶片附近的流动情况即恶化，而出现了明显的流量减小区。这个受阻滞的气流使它附近的气流方向有所变化，引起流向叶片 3 的气流冲击角增大，叶片 1 上的冲击角减小，于是促成叶片 3 叶背上出现脱离，而解除了叶片 1 上发生的脱离。而叶片 3 上的气

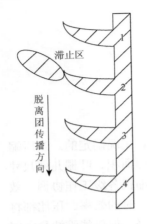

图 2.6　旋转脱离团示意图

流脱离又解除了叶片 2 上的脱离,促成叶片 4 上的脱离。依次类推,就引起了脱离团相对于叶片排,向图的下方传播。由试验得知,工作轮中脱离团相对于叶片的移动传播速度小于转子旋转的圆周速度,所以从绝对坐标系来观察,脱离团是以某一旋转速度向转子转动的方向移动。这种现象称为"旋转脱离"。

　　一般情况下,在带叶片扩压器的级中,旋转脱离常常首先在叶片扩压器中出现;而在无叶扩压器的级中,则一般先在工作叶轮中出现。

　　发生旋转脱离时,流道中出现的脱离团数目可多可少,有一个大团或数个小团同时存在,且随工况的变化有所增减。脱离团所占据的面积也可大可小。当叶片短,通道面积小时,脱离团可能占据相当大比例的通流面积;当通流面积大时,则只占据其一较小部分的面积。随着流量不断减小,脱离团所占据的面积将逐渐增大。当气流由上一元件流向后一元件时,脱离团也沿流道向后传送。

　　当压缩机级处于非设计工况时,由于工况变化导致叶片通道中产生严重的气流脱离,形成旋转脱离现象,而使级性能明显恶化的情况,称为"旋转失速"。根据失速的强烈程度,又可以分为"渐进失速"和"突变失速"两种。当级中流量离开设计值,逐渐减小时,叶片流道中开始出现了脱离区,并逐渐增大所占据的面积,团数也逐渐增多。在性能曲线上表现为工作点由 A 点向 B 点移动,压比也逐渐降低,成为一条平滑而连续的曲线,如图 2.7(a)所示。这种失速称为"渐进失速"。

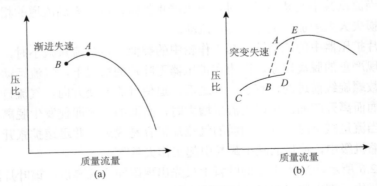

图 2.7　失速时的性能曲线

　　另一种失速进展得很快,当流量降低至某临界值后,突然出现大面积的脱离团，占据了通流面积相当大的比例，这时级性能突然明显下降，其在性能曲线上表现出不连续性，如图 2.7（b）所示。这种失速称为"突变失速"。

产生突变失速时，工作点会从一条性能曲线上的 A 点跳至另一条曲线上的 B 点。当流量再减小，则工作点由 B 点向 C 点的方向移动。假使这时又慢慢增大流量，则工作点反过来，由 C 点向 B 点回移。但达到 B 点后，工作点并不马上跳回至原正常工作的性能曲线上的 E 点。这说明失速解除的流量要大于进入失速的流量。这种情况称为"滞后现象"。出现断裂的两条性能曲线，反映了级中两种不同的气流结构。一条是正常流动时的特性曲线，另一条是突变失速后的特性曲线。特性曲线的不连续性正是突变失速的一种表现形式。实际运转时，压缩机不可以在失速的性能曲线上工作。所以试验时大多只做出一条正常工作时的性能曲线。

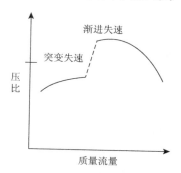

图 2.8　渐进失速和突变失速

有的压缩机级中，可以先产生渐进失速，当流量进一步减小时，才出现突变失速，这时在性能曲线上的表现如图 2.8 所示。

2.4.2　喘振

在压缩机流道中，由于工况改变，流量明显减小，而出现严重的旋转脱离，形成突变型失速时，流动情况会大大恶化。这时工作轮虽仍在旋转，对气体做功，但却不能提高气体压力，于是压缩机出口压力显著下降。由于压缩机总是和管网系统联合工作，如果管网容量较大，其反应不敏感，这时管网的压力并不马上降低，于是可能出现管网中的压力反大于压缩机出口处压力的情况。因而管网中的气体就向压缩机倒流，一直到管网中的压力下降至低于压缩机出口压力为止。这时倒流停止，气流又在叶片作用下正向流动，压缩机又开始向管网供气，经过压缩机的流量又增大，压缩机恢复正常工作。但当管网中的压力不断回升，又恢复到原有水平时，压缩机正常排气又受到阻碍，流量下降，系统中的气体产生倒流。如此周而复始，在整个系统中发生了周期性的轴向低频大振幅的气流振荡现象，这种现象称为压缩机的"喘振"[7, 8]。

喘振所造成的后果常常是很严重的，它会使压缩机转子和静子受交应变力而断裂；使级间压力失常而引起强烈振动，导致密封及推力轴承的损坏；使运动元件和静止元件相碰，造成严重事故。所以应尽力防止压缩机进入喘振工况。

从上面的分析中得知，喘振的发生首先是由于变工况时压缩机叶栅中的气动参数和几何参数不协调，形成旋转脱离，造成严重失速的结果。但并不是旋转失速都一定会导致喘振的发生，后者还和管网系统有关。所以说喘振现象的发生包含着两个方面的因素：从内部来说，它取决于压缩机在一定条件下流动大大恶化，出现了强烈的突变失速；从外部来说，又与管网的容量及特性有关。前者是内因，后者是外界条件，内因只有在外界条件具备的情况下才促使喘振的发生[9, 10]。

对于压缩机，可以在不同转速下用实测法近似地得出各喘振点，如图 2.9 中 A、B、C、D 各点。将这些喘振点连接起来，就得到一条喘振界线，在该线右侧是正常工作区，在该线左侧为喘振区。喘振界限可近似地视为通过原点的一条抛物线。

显然，为了保证压缩机在喘振区之外工作，就要求压缩机的最小流量大于喘振流量，往往可根据这一条件来设计压缩机的防喘振调节系统。例如，保证压缩机的最小流量要大于喘振流量的 1.05 倍。这样就可以在喘振界限右侧，画出一条最小工作流量线，如图 2.9 中的虚线所示。

除了压缩机设计时加宽稳定工况区外，为了保证运行时避免喘振的发生，还可采用防喘排空、防喘回流等措施，这些将在后续章节中介绍。前面已讲到喘振产生的原因是压缩机的流量减小所致，而采用这两种方法就是要增加压缩机的进气量，以保证压缩机在稳定工作区运行。例如，在压缩机的出口管上安装排空阀，当管网需要的流量减小或其他原因，使压缩机的流量减小到接近喘振流量时，通过自动或手动控制，打开放空阀，这时压缩机出口的压力马上下降，压缩机的进气量立即增大，从而避免了喘振。又例如，用压缩机出口压力来自动控制回流阀，当出口压力接近喘振工况的压力时，回流阀自动打开，使一部分气体通过回流到压缩机的进口，使压缩机的进气量增大而避免了喘振。

还有一些调节方法，可以防止喘振的发生。如转动进口导叶、转动扩压器叶片及改变转速等方法。

工作在喘振区经常会导致压缩机性能和效率相当大的损失，而且还会产生尖峰值。根据流量和压力的振动情况，可以将喘振划分为四种：温和喘振、经典喘振、过渡喘振和深度喘振。

在温和喘振时，喘振频率在亥姆霍兹频率左右。这个频率要小于旋转失速时的频率。旋转失速时的频率是和转子频率一个数量级。经典喘振是有着更大的振幅及比温和喘振更低频率的非线性物理现象，但是此时的流量仍然是正值。经典喘振和旋转失速被统称为过渡喘振。图 2.10 显示了深度喘振的典型例子，深度喘振时与负流量息息相关[8-10]。

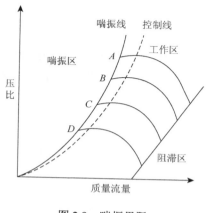

图 2.9　喘振界限

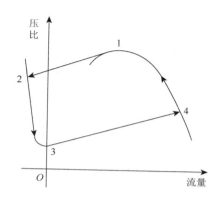

图 2.10　深度喘振时的性能曲线

喘振的危害性及后果是严重的，我国一些使用透平压缩机的装置上已有多起因喘振导致事故的报道。根据经验，判断压缩机是否已出现喘振现象，其方法大致有下面几点。

（1）测听压缩机气管气流的噪声：离心压缩机在正常稳定运行的工况下，其噪声较低且是连续性的，而当接近喘振工况时，由于整个系统中开始出现气流周期性的振荡，因而在出气管中气流发出的噪声也时高时低，并做周期性变化。当进入喘振工况后，噪声立即明显增大，发出异常的周期性吼叫或喘气声，甚至出现爆音。

（2）观测压缩机出口压力和进口流量的变化：在稳定工况下运行时，压缩机的出口压力和进口流量变化不大，变动也是有规律的，所测得的数据在平均值附近做小幅摆动。当接近或进入喘振工况时，二者都发生了周期性大幅度的脉动，有时甚至可发现有气体从压缩机进口处被反推出来的现象。

（3）观测机体和轴承的振动情况：当接近或进入喘振工况时，机体和轴承会发生剧烈振动，其振幅要比平时正常运行时大得多。

由于引起喘振的原因可能是各种各样的，而后果又是严重的，因此应尽可能采用防喘振自动控制装置，使喘振自动消除。本书后续章节中所讨论的主动控制，是一种更为有效的防喘振控制方法。

2.4.3　阻塞

在转速不变时，当离心压缩机中的流量加大到某个最大值时，压比和效率都会垂直下降，出现"阻塞现象"，所以压缩机特性曲线的右端只能到达最大流量控制线。这可能出现两种情况：第一，在压缩机内某个截面出现声速，已不可能再加大流量；

第二，流量加大，摩擦损失和冲击损失都很大，叶轮对气体做的功全部用来克服流动损失上，使气体压力得不到提高。

　　压缩机性能曲线的左边受到喘振工况的限制，右边受到堵塞工况的限制。在这两个工况之间的区域，如图 2.11 所示，为压缩机可以正常工作的稳定工况区。稳定工况范围的大小也是衡量压缩机性能的一个重要指标。

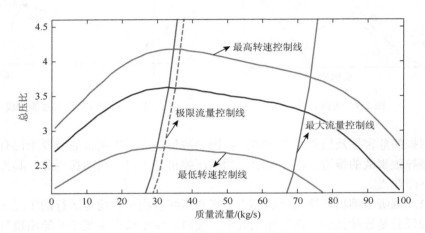

图 2.11　压缩机的工作范围

参 考 文 献

[1]　姬忠礼，邓志安，赵会军，等. 泵和压缩机[M]. 北京：石油工业出版社，2008：100-103.
[2]　徐忠. 离心式压缩机原理[M]. 北京：机械工业出版社，1990.
[3]　黄钟岳，王晓放. 透平式压缩机[M]. 北京：化学工业出版社，2004.
[4]　尼森费尔德. 离心式压缩机操作与控制原理[M]. 夏斌译. 北京：机械工业出版社，1988.
[5]　周健. CCPP 机组多级煤气压缩机系统建模[D]. 沈阳：东北大学，2011.
[6]　张吉. CCPP 煤气系统建模及压缩机防喘策略研究[D]. 沈阳：东北大学，2010.
[7]　刘利. CCPP 煤气系统建模与压缩机防喘策略研究[D]. 沈阳：东北大学，2011.
[8]　褚菲. CCPP 煤气系统建模与运行优化研究[D]. 沈阳：东北大学，2013.
[9]　贾润达. 基于紧连控制阀的离心式压缩机防喘振控制[D]. 大连：大连理工大学，2006.
[10]　张平陆. 基于性能评价方法的压缩机防喘控制策略研究[D]. 沈阳：东北大学，2011.

3 离心压缩机的机理模型及参数分析

3.1 单级离心压缩机模型

在理想状态下，由能量守恒定律可知，叶轮产生的全部能量都转化成被压缩气体压力的提高。但是实际状况并非如此，压缩气体压力的提高和各部分的能量传递以及能量损失密切相关。其中对压缩机特性起重要影响的是冲击损失和摩擦损失，它们的共同作用决定了压缩机的特性曲线。下面通过能量守恒和质量守恒来计算离心压缩机模型。

3.1.1 叶轮进出口气流速度分析

为了研究方便，常常把气体运动时的圆周速度 U_1、相对速度 W_1 和绝对速度 C_1 画成一个速度三角形，称为气流速度三角形，如图 3.1 所示。

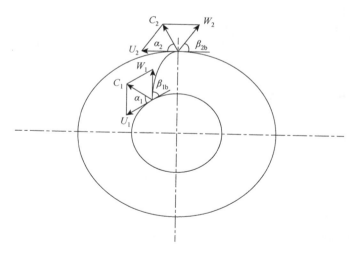

图 3.1 气流速度三角形

1）叶轮进气口速度分析

气体进入压缩机叶轮后，在叶轮高速旋转的作用下能量得到提高。在这个做功过程中，气体的速度会发生变化，因此计算叶轮对气体的做功大小和计算冲击损失时，就必须先研究压缩气体速度的变化规律。

气体的速度可分为圆周速度 U_1、相对速度 W_1 和绝对速度 C_1。圆周速度是叶轮转动的速度，绝对速度是气体进入叶轮气眼时的速度，相对速度是圆周速度和绝对速度合成后在叶轮叶道内的速度。如图 3.2 所示，为了研究方便，把上述速度三角形放大进行分析。

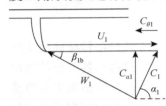

图 3.2　进气口的气流速度三角形

假设气体在压缩机进气口处以绝对速度 C_1 进入叶轮气眼，则质量流量 m 和绝对速度 C_1 的关系表达式为

$$C_1 = \frac{1}{\rho_{01} A_1} m \qquad (3.1)$$

式中，ρ_{01} 为入口气体密度常数。入口处的圆周速度 U_1 可由下面的公式计算：

$$U_1 = \frac{D_1}{2}\omega = D_1 \pi N \qquad (3.2)$$

式中，ω 为叶轮的角速度；N 为叶轮每秒的转数。平均直径 D_1 的定义为

$$D_1{}^2 \triangleq \frac{1}{2}(D_{t1}{}^2 + D_{h1}{}^2) \qquad (3.3)$$

式中，D_{t1} 和 D_{h1} 分别为导风轮和主轴的直径。

2）叶轮出气口速度分析

对于叶轮出气口气流速度的分析也与进气口的分析相同。气体离开叶轮的绝对速度 C_2、叶轮尖端直径 D_2、叶轮尖端圆周速度 U_2、相对速度 W_2 如图 3.3 所示。

3.1.2　级中的能量损失

3.1.2.1　理想能量传递

对于透平压缩机，转矩等于流体的角动量的变化，则

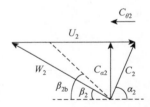

图 3.3　出气口的气流速度三角形

$$\tau_c = m(r_2 C_{\theta 2} - r_1 C_{\theta 1}) \qquad (3.4)$$

式中，τ_c 表示离心压缩机转矩；$r_1 = D_1 / 2$，$r_2 = D_2 / 2$ 并且 $C_{\theta 2}$ 是绝对速度 C_2 的切线向量。所以叶轮传递给气体的能量为

$$\dot{W}_c = \omega \tau_c = \omega m(r_2 C_{\theta 2} - r_1 C_{\theta 1}) = m(U_2 C_{\theta 2} - U_1 C_{\theta 1}) = m\Delta h_{0c,\text{ideal}} \qquad (3.5)$$

式中，$\Delta h_{0c,\text{ideal}}$ 为不考虑能量损耗情况下传递给气体的比焓。上式就是欧拉方程式。

为了简化上式，下面做两个假设：

（1）假设放射状的叶轮叶片是不弯曲的，即 $\beta_{2b} = 90°$；

（2）假设没有轴向涡流，则 $\alpha_1 = 90°$，即 $C_{\theta 1} = 0$。

这里所做的假设仅仅是为了简化分析，接下来推导的结果在忽略这些假设时也可以得到。

对于理想的放射状叶片的叶轮，气体在叶轮尖端速度的切线向量 $C_{\theta 2}$ 应该等于 U_2。但是，由于叶轮叶片之间气体的惯性，气体速度的切线向量应该小于 U_2。这种结果定义为滑差。流体的流向偏离了叶轮旋转的方向，这导致角度要小于叶片的安装角。滑差系数定义为

$$\sigma = \frac{C_{\theta 2}}{U_2} \tag{3.6}$$

滑差系数是一个小于 1 的正数。滑差系数取决于叶轮的叶片数、通道的几何特性、叶轮的直径和质量流量率。因此，有很多滑差系数的近似表达式。其中一个适应于放射状叶片叶轮的表达式为

$$\sigma \approx 1 - \frac{2}{i} \tag{3.7}$$

这个近似表达式在试验中得到了很好的验证[1]，这里 i 代表离心压缩机的叶片数。

计算压缩机的转矩 τ_c：在不考虑轴向涡流的情况下，根据式（3.5）可以得出离心压缩机转矩的计算公式：

$$\tau_c^+ = mr_2 C_{\theta 2} = mr_2 \sigma U_2 \quad m > 0 \tag{3.8}$$

在式（3.8）中，流量为正值，表示压缩机中气体正向流动。但是，压缩机也许会进入深度喘振状态，所以需要一个气体逆向流动时的压缩机转矩表达式。使用欧拉转矩方程，气体逆流时的离心压缩机转矩计算公式为

$$\tau_c^- = m(r_1 C_{\theta 1} - r_2 C_{\theta 2}) = -mr_2 \sigma U_2 \quad m < 0 \tag{3.9}$$

综合上面两个转矩方程，可以得到：

$$\tau_c = |m| r_2 \sigma U_2 \quad \forall m \tag{3.10}$$

这和文献[2]中使用的转矩方程一致。

负载转矩也可以从气体在叶轮中旋转的方面来考虑。这个模型可以想象成在流体中圆盘的旋转，具体的计算过程在文献[3]中有陈述。

从文献[4, 5]中可以得到流体的理想能量头：

$$\Delta h_{0c,ideal} = \frac{\dot{W}_{c,ideal}}{m} = \sigma U_2^2 \tag{3.11}$$

由式（3.11）可以很清楚地看到 $\Delta h_{0c,ideal}$ 与压缩机的质量流量无关，从理想上来说，对于所有的质量流量，都会算出相同的理想能量头。但是在现实中，叶片的安装角不可能为 90°，即 $\beta_{2b} < 90°$。$\Delta h_{0c,ideal}$ 将会随着质量流量 m 的增加而减小。

但是现实存在各种能量损失，能量传递的比焓不可能是常数。根据文献[3]、[6, 7]和其他人的研究，离心压缩机的气体压缩过程主要存在两种损失，表示成比焓形式如下：

（1）在叶轮和扩压器上的冲击损失，Δh_{ii} 和 Δh_{id}。

（2）在叶轮和扩压器上的摩擦损失，Δh_{fi} 和 Δh_{fd}。

冲击损失和流体的摩擦损失在判断压缩机的稳定工作区时，扮演了重要的角色。其他的能量损失，如二次流损失、间隙损失和涡流损失，在计算压缩机效率时都进行了考虑。当然也存在其他的损失，如进气损失、混合损失和漏气损失。由于这些损失很小，因此在下面的计算中将会忽略。

3.1.2.2　冲击损失

由于流体冲击在转子和叶片扩压器上造成的冲击损失在塑造压缩机特性曲线时至关重要，有很多方法来模拟这种损失，这些方法的比较研究在文献[8]中有系统的阐述。所用的最广泛的两种方法如下：

在文献[7, 8]中，论述了 NASA 振动损失理论。这个理论基于在切线方向上的动能损失。

在文献[8]中描述了一个恒压冲击损失模型。这个模型假设在叶道内的气体流动是一个稳压过程。

对于离心压缩机来说，这两种方法建立的冲击损失模型的预测结果差异很小[7]。根据文献[8]，主要的不同在于零损失发生时流体的入射角。对于第一个模型，零损失发生在流体的入射角和叶片的安装角相等的情况下。但第二个模型并不是这样。基于以上原因，并且第一个模型相对简单，本书选择 NASA 振动损失理论来建立冲击损失模型。

因为质量流量可能会高于或者低于设计流量，所以把它们分为两个部分进行讨论。用第一种方法建立的模型可以使得冲击损失曲线对称于设计流量点，且随着质量流量的平方变化而变化。在文献[3]中，当质量流量低于设计流量时，冲击损失会比在质量流量高于设计流量时大得多。这使得当流量低于设计流量时，压缩机的性能曲线比高于设计流量时的曲线形状更陡峭一些。

　　1）叶轮上的冲击损失

　　如图 3.4 所示，气体进入叶轮时的相对速度表示为 W_1。在非设计工况下，叶片的安装角 β_{1b} 和气流进口速度方向角 β_1 有偏差。

　　由式（3.12）定义冲击角：

$$\beta_i = \beta_{1b} - \beta_1 \tag{3.12}$$

　　在气体进入气眼后，气体的速度会立刻改变它的方向使其与叶片的安装角度 β_{1b} 一致。这时气体的速度方向角会逐渐从 β_1 变成 β_{1b}，这个过程中和速度切线方向相关的动能 $W_{\theta 1}$ 就是损失。至此，冲击损失可以定义成：

$$\Delta h_{ii} = \frac{W_{\theta 1}^{~2}}{2} \tag{3.13}$$

　　上述的冲击损失模型为简单的一维模型。根据文献[3]，式（3.13）可以近似地估计入射角小于安装角的冲击损失和入射角大于安装角的冲击损失。文献[3]中指出：对于理想的冲击损失，在现实情况中并没有类似冲击情况的发生，而仅仅是一个用来解释压缩机特性曲线形状的简单概念。从图 3.4 中很容易得到：

$$\cos \beta_1 = \frac{U_1 - C_{\theta 1}}{W_1} \tag{3.14}$$

以及

$$\sin \beta_1 = \frac{C_{\alpha 1}}{W_1} \tag{3.15}$$

　　根据三角形正弦定理和余弦定理可以得到：

$$W_{\theta 1} = \frac{\sin(\beta_{1b} - \beta_1)}{\sin \beta_{1b}} W_1 = (\cos \beta_1 - \cot \beta_1 \sin \beta_1) W_1 \tag{3.16}$$

　　将式（3.14）和式（3.15）代入式（3.16）可以得到：

$$W_{\theta 1} = U_1 - C_{\theta 1} - \cot \beta_{1b} C_{\alpha 1} \tag{3.17}$$

由此可以得出叶轮上的冲击损失为

$$\Delta h_{ii} = \frac{1}{2}(U_1 - C_{\theta 1} - \cot \beta_{1b} C_{\alpha 1})^2 = \frac{1}{2}\left(U_1 - \frac{\cot \beta_{1b} m}{\rho_{01} A_1}\right)^2 \qquad (3.18)$$

2）扩压器上的冲击损失

根据文献[7]，在叶片扩压器上的冲击损失可以与叶轮中相似的方式来建立损失模型。类似于叶轮上的冲击损失，假设流体进入扩压器的速度会马上改变，使其入射角和扩压器叶片入口安装角 α_{2b} 一致。进入扩压器后，速度方向角会从 α_2 变成 α_{2b}。与速度在切线方向上的分量 C_{2i} 相关的动能就是损失，如图 3.5 所示。

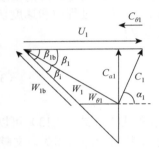
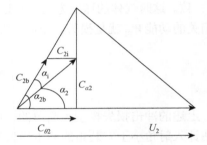

图 3.4　进气室处的冲击角　　　　　　图 3.5　扩压器处的冲击角

因此，扩压器上的冲击损失可以表示为

$$\Delta h_{id} = \frac{C_{2i}^{\ 2}}{2} \qquad (3.19)$$

从图 3.5 可以看出：

$$\Delta h_{id} = \frac{1}{2}(C_{\theta 2} - \cot \alpha_{2b} C_{\alpha 2})^2 = \frac{1}{2}(\sigma U_2 - \cot \alpha_{2b} C_{\alpha 2})^2 \qquad (3.20)$$

为了简化模型，扩压器安装角度 α_{2b} 由于在压缩机机体内部工程上无法测得，因此，假设 $\beta_i = 0$，$C_{\alpha 1} = C_{\alpha 2}$，这样计算的扩压器安装角度 α_{2b} 会存在一个在叶轮和扩压器上冲击损失的最小值。

对于 $\beta_i = 0$，

$$U_1 = C_{\alpha 1} \cot \beta_{1b} \qquad (3.21)$$

假设 $C_{\alpha 1} = C_{\alpha 2}$，进而得到：

$$C_{\alpha 2} = U_1 \tan \beta_{1b} \tag{3.22}$$

从图 3.5 和式（3.22）得到：

$$\tan \alpha_{2b} = \frac{C_{\alpha 2}}{C_{\theta 2}} = \frac{U_1 \tan \beta_{1b}}{\sigma U_2} \tag{3.23}$$

和

$$\alpha_{2b} = \arctan\left(\frac{D_1 \tan \beta_{1b}}{\sigma D_2}\right) \tag{3.24}$$

将式（3.24）代入式（3.20）中，可以算出叶片扩压器上的冲击损失表达式为

$$\Delta h_{id} = \frac{1}{2}\left(\frac{\sigma D_2 U_1}{D_1} - \frac{m \cot \alpha_{2b}}{\rho_{01} A_1}\right)^2 \tag{3.25}$$

3）冲击损失系数

当流量大于设计流量时，一般边界层不易分离，冲击损失小。当流量小于设计流量时，边界层易分离，冲击损失大。所以冲击损失的大小与冲角的正负关系很大，这可由冲击损失系数 ξ_{sh} 反映出来。一般正冲角时的 ξ_{sh} 值可取 $\xi_{sh} = 6 \sim 12$，负冲角时可取 $\xi_{sh} = 0.6 \sim 0.9$[9]。

在气体质量流量 $m = m_0$（m_0 为设计流量值）时，冲击损失为零。令 $\beta_{1b} = \beta_1$，则

$$\cot \beta_{1b} = \cot \beta_1 = \frac{U_1}{C_{\alpha 1}} \tag{3.26}$$

由假设 $\alpha = 90°$，$C_{\theta 1} = 0$，可得

$$C_{\alpha 1} = C_1 = \frac{m}{\rho_{01} A_1} \tag{3.27}$$

由式（3.26）和式（3.27）得

$$\cot \beta_{1b} = \frac{U_1 \rho_{01} A_1}{m} \tag{3.28}$$

所以设计流量 m_0 为

$$m_0 = \frac{U_1 \rho_{01} A_1}{\cot \beta_{1b}} \tag{3.29}$$

本书在仿真时取值：

$$
\begin{aligned}
m &< m_0, \quad \xi_{\mathrm{sh}} = 6 \\
m &\geqslant m_0, \quad \xi_{\mathrm{sh}} = 1
\end{aligned}
\tag{3.30}
$$

将冲击损失系数代入式（3.18）和式（3.25）中得

$$
\Delta h_{\mathrm{id}} = \xi_{\mathrm{sh}} \cdot \frac{1}{2} \left(\frac{\sigma D_2 U_1}{D_1} - \frac{m \cot \alpha_{2b}}{\rho_{01} A_1} \right)^2
\tag{3.31}
$$

$$
\Delta h_{\mathrm{ii}} = \xi_{\mathrm{sh}} \cdot \frac{1}{2} \left(U_1 - \frac{\cot \beta_{1b} m}{\rho_{01} A_1} \right)^2
\tag{3.32}
$$

3.1.2.3　摩擦损失

根据摩擦定律，在叶轮中引起的摩擦损失可由下式计算：

$$
\Delta h_{\mathrm{fi}} = C_{\mathrm{h}} \frac{l}{D} \frac{W_{1b}^{\ 2}}{2}
\tag{3.33}
$$

式中，C_{h} 为摩擦损失系数；l 为叶道中线长度；D 为水力直径。这种计算摩擦损失的方法是以叶道圆截面的面积是常数为前提的。

摩擦损失系数 C_{h} 的定义[7]如下：

$$
C_{\mathrm{h}} = 4f
\tag{3.34}
$$

式中，f 为摩擦因子，它与雷诺数有关。现在有很多种求取摩擦因子的公式，本书使用 Blasius 的公式，假设压缩机内部管道为水力光滑管：

$$
f = 0.3164(Re)^{-0.25}
\tag{3.35}
$$

雷诺数 Re 的计算将在后面介绍。

水力直径 D 的定义如下：

$$
D = \frac{4A}{a}
\tag{3.36}
$$

式中，A 为通道的横截面积；a 为通道的平均周长。即水力直径 D 可以由横截面积 A 和平均周长 a 计算得到。虽然现实中在叶片之间的叶道既不是圆形也不是等面积的，但是文献[10]证明式（3.35）计算的理论值和测量值有的具有很好的一致性。

由图 3.4 可以得到：

$$
\frac{W_{1b}}{\sin \beta_1} = \frac{W_1}{\sin \beta_{1b}}
\tag{3.37}
$$

然后将

$$\beta_1 = \frac{C_{a1}}{W_1} \tag{3.38}$$

代入式（3.37），可以得到：

$$W_{1b} = \frac{C_1}{\sin \beta_{1b}} \tag{3.39}$$

把式（3.1）和式（3.39）代入式（3.33）可以得到：

$$\Delta h_{fi} = \frac{C_h l}{2D\rho_{01}^2 A_1^2 \sin^2 \beta_{1b}} m^2 = k_{fi} m^2 \tag{3.40}$$

式（3.40）表示流体通过水力直径为 D 的管道，且质量流量为 m 时所产生的摩擦损失。由该式可以看到：摩擦损失是质量流量的二次函数，并且与压缩机的转速无关。

流体在扩压器上产生的摩擦损失可以使用与计算叶轮摩擦损失近似的方法进行计算：

$$\Delta h_{fd} = \frac{C_h \cdot l_{diffuser}}{D_{diffuser} \rho_{01}^2 \cdot A_1^2 \cdot \sin^2 \alpha_{2b}} m^2 = k_{fd} m^2 \tag{3.41}$$

式中，C_h 为摩擦损失系数；$l_{diffuser}$ 为扩压器通道中线长度；$D_{diffuser}$ 为扩压器水力直径。同样地，扩压器上的摩擦损失也是压缩机质量流量的二次函数，而与压缩机的转速无关。

3.1.3 离心压缩机效率

3.1.3.1 压缩机其他能量损失

离心压缩机的等熵效率定义为[11]

$$\eta_i(m, U_1) = \frac{\Delta h_{0c,ideal}}{\Delta h_{0c,ideal} + \Delta h_{loss}} \tag{3.42}$$

式中，

$$\Delta h_{loss} = \Delta h_{if} + \Delta h_{ii} + \Delta h_{df} + \Delta h_{di} \tag{3.43}$$

另外，等熵效率还与涡流损失、间隙损失、回流损失及扩压器将流体动能转化为压力的能力有关。因此，对应于其他的能量损失，式（3.42）的等熵效率更改为

$$\eta_i(m, U_1) = \frac{\Delta h_{0c,ideal}}{\Delta h_{0c,ideal} + \Delta h_{loss}} - \Delta\eta_{bf} - \Delta\eta_c - \Delta\eta_v - \Delta\eta_d \quad （3.44）$$

依据文献[12]，压缩机的间隙损失 $\Delta\eta_c$ 可以近似地表达为

$$\Delta\eta_c = 0.3\frac{l_{cl}}{b} \quad （3.45）$$

式中，l_{cl} 为压缩机的轴向间隙；b 为叶轮尖端的宽度。

回流损失 $\Delta\eta_{bf}$ 的发生是由于压力梯度存在于叶轮尖端区域，流体不得不重新进入叶轮，这导致压缩机对回流的流体进行重新压缩。文献[7]给出了回流损失的一个经验公式：

$$\Delta\eta_{bf} = 0.03 \quad （3.46）$$

涡流损失发生的主要原因是流体不能利用径向动能流出扩压器。在文献[11]，涡流损失认为存在 2%～5% 的能量损失，即

$$0.02 \leqslant \Delta\eta_v \leqslant 0.05 \quad （3.47）$$

一般来说，对于有叶扩压器的压缩机，涡流损失会比无叶扩压器的损失大一些，因为在有叶扩压器的出口，有更大部分的动能是径向的[11]。涡流损失的更多综合处理方法可以在文献[13]中找到。

在扩压器中的减速升压过程是否有效，主要取决于扩压器的物理结构。在扩压器中产生的效率损失 $\Delta\eta_d$ 取决于压力恢复系数。但为了简化 $\Delta\eta_d$，在本书中设计为常数。根据文献[7]，有叶扩压器的效率损失要比无叶扩压器的效率损失高出 2%～7%。

3.1.3.2 离心压缩机的能量传递

离心压缩机的级对每 1kg 有效气体所消耗的总功，可以认为是由叶轮对气体做功、内漏气损失、轮阻损失三部分组成[9]。而叶轮对气体做功转换成气体的能量，是由能量方程式联系起来的。

$$W_{tot} \pm Q_0 = c_p(T_2 - T_1) + \frac{c_2^2 - c_1^2}{2} = h_2 - h_1 + \frac{c_2^2 - c_1^2}{2} \quad （3.48）$$

式中，T_1 为做功前气体的温度；T_2 为做功后气体的温度；c_1 为做功前气体的流速；c_2 为做功后气体的流速；c_p 为比定压热容，m/s；h 为比焓；W_{tot} 为叶轮对气体做的总功，N·m/kg；Q_0 为从外界传入或传出的热量，N·m/kg。

式（3.48）即为气体稳定流动能量方程式。在应用这个能量方程式时，应注意以下几点。

（1）能量守恒是在质量守恒的前提下得到的，即要满足连续条件。

（2）方程式对是否考虑黏性气体都是适用的。虽然在方程式中没有明显包含黏性气体所引起的能量损失，但是流动摩擦和分离漩涡损失最终还是以热量的形式传给气体，使气体温度升高，因此并不破坏平衡。

在离心压缩机中，从外面加入的热量，以及向外界放出的热量，通常都忽略不计，即认为 $Q_0 = 0$。这是因为在离心压缩机中对外的热交换与气体压缩时的比焓变化比较起来很小。当忽略了 Q_0 后，式（3.48）可写成：

$$W_{tot} = c_p(T_2 - T_1) + \frac{c_2^2 - c_1^2}{2} = h_2 - h_1 + \frac{c_2^2 - c_1^2}{2} \tag{3.49}$$

对于实际的叶轮来说，原动机传给叶轮的总功或称总能量头分为三部分，即理论能量头 h_{ideal}、内漏气损失 h_l 和轮阻损失 h_{df}。

$$h_{tot} = h_{ideal} + h_{df} + h_l \tag{3.50}$$

式中，h_{df} 为克服轮盘、轮盖外侧面及轮缘与周围间隙中气体的摩擦所消耗的外功。这部分外功变成热量，并传给气体。由于气体不是直接在叶轮叶片流道中获得这部分能量，而是从流道外面传给气体的，所以它不包括在 h_{ideal} 中。

级的内漏气损失是由于叶轮出口存在压力差，叶轮出口处不断有一些气体经过轮盖间隙倒流到叶轮进口处。这部分不是级中的有效流量，而只是在级内不断地进行循环运动。它不断地被压缩和膨胀而需要一部分外功，这部分外功变成了热量传给气体。

式（3.50）的三项中，理论能量头主要是以机械能的形式传给气体的，轮阻损失和内漏气损失是以热的形式传给气体的。轮阻损失和内漏气损失在本书中设定为定值 3%。

从气体动力学方面可知，离心压缩机叶轮对每 1kg 气体所做的功还可以与表征气体压力升高的静压能联系起来。对每 1kg 气体写出伯努利方程式：

$$W_{th} = \int_1^2 \frac{dp}{\rho} + \frac{c_2^2 - c_1^2}{2} + h_{loss} \tag{3.51}$$

式中，角标 1、2 分别为级进出口截面；h_{loss} 为气体在级中流动时的流动损失。如果考虑轮阻损失和内漏气损失，式（3.51）可写为

$$h_{\text{tot}} = \int_1^2 \frac{\mathrm{d}p}{\rho} + \frac{c_2^2 - c_1^2}{2} + h_{\text{loss}} + h_1 + h_{\text{df}} \tag{3.52}$$

本书将轮阻损失和内漏气损失造成的效率损失统称为机械损耗效率，取定值 $\eta_{\text{m}} = 97\%$。因此，总效率为

$$\eta_{\text{总}} = \eta_{\text{m}} \cdot \eta_{\text{熵}} \tag{3.53}$$

叶轮对气体做的总功或总能量头为

$$h_{\text{tot}} = \frac{\eta_{\text{熵}} \cdot h_{\text{ideal}}}{\eta_{\text{总}}} \tag{3.54}$$

3.1.4　阻滞

当流体在压缩机系统中的某个横截面上达到声速时，流体就会发生阻滞现象。假设压缩机加压过程是等熵的，文献[14]计算阻滞流量的对象和离心压缩机的叶轮气眼与扩压器的入口非常相似。在本书中，假设阻滞现象发生在叶轮气眼中。阻滞流量可由下式计算：

$$m_{\text{choke}}(U_1) = A_1 \rho_{01} a_{01} \left[\frac{2 + (\gamma - 1)\left(\dfrac{U_1}{a_{01}}\right)^2}{\gamma + 1} \right]^{(\gamma + 1)/2(\gamma - 1)} \tag{3.55}$$

式中，$\rho_{01} = p_{01}/RT_{01}$，$\rho_{01}$ 为入口气体的密度；$a_{01} = \sqrt{\gamma RT_{01}}$，$a_{01}$ 为入口滞止声速；γ 为压缩机等熵指数。因此，由式（3.55）可以看出，阻滞流量取决于转子转速 U_1。所以，叶轮在转子转速提高时，所能承受的极限流量也会变大。

3.1.5　能量传递与压力升高

总的比焓传递过程可以用下面的减法公式进行计算：

$$\Delta h_{0\text{c}}(U_1, m) = \Delta h_{0\text{c,ideal}} - \Delta h_{\text{fi}} - \Delta h_{\text{fd}} - \Delta h_{\text{ii}} - \Delta h_{\text{id}} \tag{3.56}$$

$\Delta h_{0\text{c}}$ 是关于压缩机质量流量 m 的二次函数，而相对于理想情况下，可以看出传给流体的能量是关于质量流量 m 的函数。

为了得到压力升高的关系式，首先需要压力升高与能量传递之间的关系。当流量为正时，压力升高可由以下关系式给出[5]：

$$p_{\text{out}} = \left(1 + \frac{\eta_{\text{i}}(m, U_1)\Delta h_{0\text{c,ideal}}}{T_{01} c_{\text{p}}} \right)^{\gamma/\gamma - 1} p_{\text{in}} = \Psi_{\text{c}}(U_1, m) p_{\text{in}} \tag{3.57}$$

式中，T_{01} 为离心压缩机进口的滞止温度；c_{p} 为比定压热容；γ 为压缩机等熵指数，

在压缩过程等熵的情况下，它为常数；p_{out} 和 p_{in} 分别为压缩机出口和入口的气体压力。式（3.57）中已经包括了能量损失，而且 $\Psi_c(U_1, m)$ 就是压缩机的特性。为了建立负流量压力升高的模型，就要考虑喘振工况。对于负流量，压力升高与流量的平方成正比。

$$\Psi_c(U_1, m) = \begin{cases} c_n m^2 + \psi_{c0}(U_1) & , \quad m \leqslant 0 \\ \left(1 + \dfrac{\eta_i(m, U_1)\Delta h_{0c,ideal}}{T_{01}c_p}\right)^{\gamma/\gamma-1} & , \quad m > 0 \end{cases} \tag{3.58}$$

式中，

$$\psi_{c0}(U_1) = \left.\left(1 + \frac{\eta_i(m, U_1)\Delta h_{0c,ideal}}{T_{01}c_p}\right)^{\gamma/\gamma-1}\right|_{m=0} \tag{3.59}$$

$\psi_{c0}(U_1)$ 是为了确保 $\Psi_c(U_1, m)$ 在流量变化时是连续的函数。负流量特性决定了旋转叶片在反方向提供给流体的阻力。在文献[15]中，在流量为负时压缩机可以被认作是偏正压力的节流装置。负流量特性也是二次方程式。在很多文献中都认为：在负流量时，压缩机特性曲线是负斜率的二次曲线，这个斜率取决于常数 c_n 的选择。

但是，由于在实际压缩机中，为了生产安全的需要，应当尽量避免压缩机进入喘振区。因此，负流量斜率常数 c_n 在实际中无法测量，在工程上只需要画出正流量时的特性曲线。

3.1.6 离心压缩机出口温度

离心压缩机通过叶轮的高速旋转对气体做功，使气体的压力得到提高，同时气体的温度也随之提高。假设压缩过程为等熵过程，则等熵压缩过程的总功率可表示成[9]：

$$\eta_{总} \approx \frac{T_{2s} - T_1}{T_2 - T_1} \tag{3.60}$$

式中，T_1 为入口温度；T_2 为出口温度；T_{2s} 为理想情况下的出口温度。对于理想气体，利用理想气体状态方程和式（3.57）有

$$\left(\frac{T_{2s}}{T_1}\right) = \left(\frac{p_2}{p_1}\right)^{(\gamma-1)/\gamma} \tag{3.61}$$

由式（3.60）和式（3.61）得

$$T_2 = T_1 + \frac{1}{\eta_{总}}\left[T_1\left(\frac{p_2}{p_1}\right)^{(\gamma-1)/\gamma} - T_1\right] \tag{3.62}$$

将式（3.57）代入式（3.62）得

$$\frac{T_2}{T_1} = 1 + \frac{\Delta h_{0c,ideal}}{\eta_m \cdot T_1 \cdot c_p} \tag{3.63}$$

由式（3.63）得知，如果在转速一定、入口条件也一定的情况下，压缩机的温度比是一个定值。

3.1.7　离心压缩机机理模型

通过式（3.57）和式（3.63）可以得到完整的离心压缩机机理模型。当已知离心压缩机的入口气体质量流量 m_{in}、气体压力 p_{in}、气体温度 T_{in}，就可以推算出压缩机出口的气体质量流量 m_{out}、气体压力 p_{out}、气体温度 T_{out}，计算公式如下：

$$\begin{cases} p_{out} = \Psi_c(U_1, m) p_{in} \\ T_{out} = \left(1 + \dfrac{\Delta h_{0c,ideal}}{\eta_m \cdot T_1 \cdot c_p}\right) T_{in} \\ m_{out} = m_{in} \end{cases} \tag{3.64}$$

式（3.64）为离心压缩机的机理模型。

3.1.8　离心压缩机单级模型的仿真及入口参数的影响

反映离心压缩机级的主要性能参数为压力比、效率及流量。为了便于把级性能清晰地表示出来，常常在一定的进口气体状态及某个转速下，把不同流量时的级压比（或出口压力）、级效率与进口流量的关系用图线形式表示出来。

由伯努利方程可知：若忽略动能的变化，叶轮对气体所做的功主要用来提高气体的压力和克服流动损失。所以，要知道不同流量下压力提高的情况，还要先知道不同流量下流动损失的大小。由式（3.65）知，流动摩擦损失近似正比于流量的平方：

$$\Delta h_{fd} = K_1 m^2 \tag{3.65}$$

式中，K_1 为常数。摩擦损失与流量的关系表示在图 3.6 中，它是一条二次抛物线。

在设计工况下，气流方向基本上和叶片方向一致，分离冲击损失小；当流量增大或减小时，分离冲击损失增大。根据式（3.18），可以把冲击损失与流量关系改写成以下方程式：

$$\Delta h_{ii} = K_2(m_0 - m)^2 \tag{3.66}$$

式中，K_2 为常数；m_0 为设计工况下的进口流量。冲击损失与流量的关系表示在图 3.7 上，图中曲线与横轴交点为设计流量。

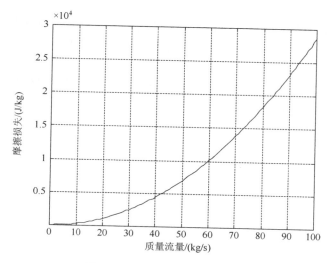

图 3.6　摩擦损失与流量的关系

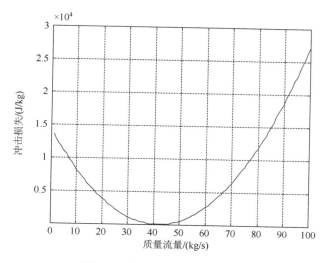

图 3.7　冲击损失与流量的关系

基于上述计算过程，可以建立离心压缩机的单级机理模型。在仿真时，压缩机的温度、压力、流量以及煤气成分均来自现场 DCS 读取的过程数据。所有设备尺寸参数的数据均来自宝钢集团有限公司现场提供的 CAD 资料，仿真程序均由 MATLAB 软件编写。以低压段压缩机的第一级为例，在固定压缩级进口的转速、温度、压力和煤气成分时，单独使进口流量变化，可以得到离心压缩机单级模型的性能曲线，如图 3.8 和图 3.9 所示。

　　由图 3.10 可以看出，在一定圆周转速下，级效率与流量关系曲线的形状呈现出中间高、两头低的典型形状，这完全符合离心压缩机运行的特点。一般在设计工况附近，压缩机有最高效率、流动情况最完善，此时其冲角通常在 0°附近。当流量增大时，由于摩擦损失和冲击损失明显增大，级效率将下降；当流量减小时，分离冲击损失明显增大。此外，由于流量减小，相对的漏气损失和轮阻损失也增大，所以也使级效率降低。

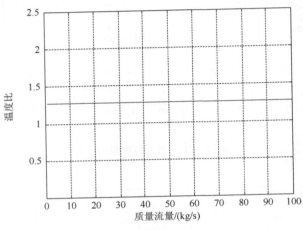

图 3.8　温度比性能曲线

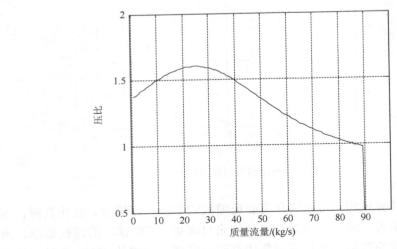

图 3.9　压比性能曲线

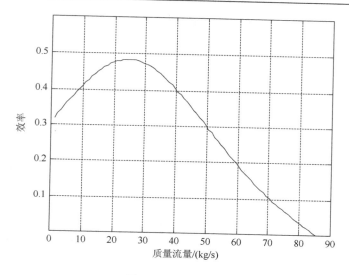

图 3.10 效率曲线

接下来分析压缩机性能曲线的特性。众所周知，压缩机的性能曲线与其入口条件相关联，下面将对入口条件对压缩机性能曲线的影响一一进行对比分析。

1）进口压力

在过程数据中，进口压力相对比较稳定，但是仍然不可避免地存在微小的波动。分析过程数据，发现压缩机的进口压力和流量有很大的关联性。进口压力和流量的波动方向与频率几乎一致。从图 3.11 中可以看出进口压力对压缩机性能曲线的影响。

由图 3.11 可知，在进口其他条件不变时，进口压力增大，压缩机的性能曲线右移。

2）进口温度

进口温度主要受外界大气温度的影响。例如，早中晚的温度各不相同，一年四季的温度也不同。温度对性能曲线的影响如图 3.12 所示。

从图 3.12 中可以看出，在进口其他条件不变时，温度的变大，导致性能曲线下移。

3）分子量

在煤气系统中，煤气储存在煤气柜中。其中主要的煤气成分为一氧化碳、二氧化碳、甲烷、氢气和氮气。其中一氧化碳和二氧化碳占据了绝大部分，而且所占比例比较稳定。但是，甲烷和氢气的波动比较大，而且所占比例也较小，所以分子量的变化范围并不大。分子量变化的影响如图 3.13 所示。

由图 3.13 可知，在进口其他条件不变时，分子量的减小使性能曲线左移。

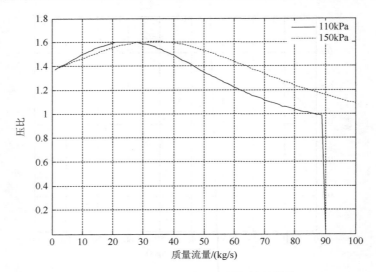

图 3.11　不同进口压力下压缩机性能曲线

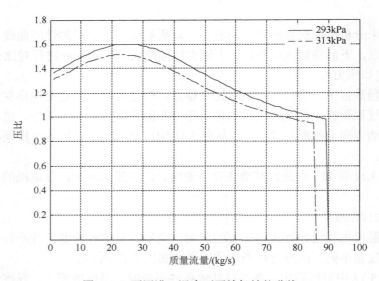

图 3.12　不同进口温度下压缩机性能曲线

4）比热比

比热比对压缩机性能曲线的影响如图 3.14 所示。

由图 3.14 可知，在进口其他条件不变时，单独比热比的增大，使性能曲线下移。

5）转速

转速对压缩机的影响很大，可以根据转速的不同画出一组曲线，然后取性能曲线的极值点作为喘振点。将所有喘振点连接起来，作为喘振线。真实压缩

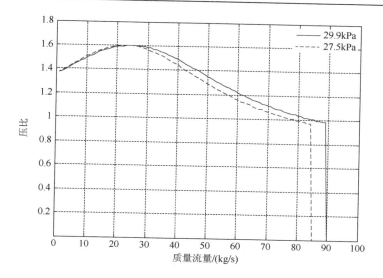

图 3.13　不同分子量下压缩机性能曲线

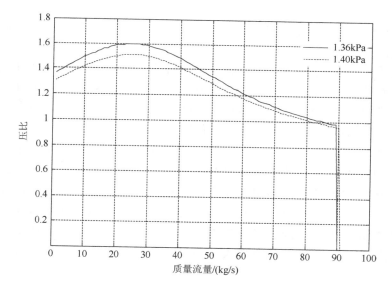

图 3.14　不同比热比下压缩机性能曲线

机的喘振线在最高点的左边，因此这样选择的喘振点与真实喘振点有了一定的余量，对防喘振控制有一定的好处。转速变化对压缩机性能曲线的影响如图 3.15 所示。

　　由图 3.15 可知，在进口其他条件不变时，随着压缩机转速的增加，性能曲线上移。这样连接每条曲线的最高点就能画出一条喘振线来。

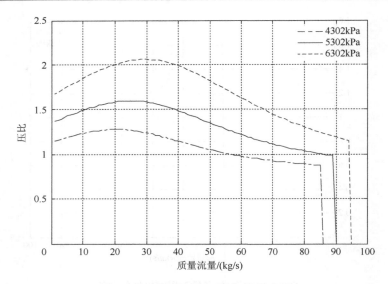

图 3.15   不同转速下压缩机性能曲线

压缩机性能曲线除了反映了级压比、效率等与流量的关系外，也反映了级的稳定工况范围的大小。

当级的流量减小到某一值后，由于正冲角过大，分离严重，将产生旋转失速现象，进而导致压缩机管网系统喘振的发生。压缩机是不容许在喘振工况下工作的。所以级的最小流量 m_{min}，也即稳定工况范围在性能曲线的左边受到喘振界限的限制，压缩机只可在 $m > m_{min}$ 的条件下工作。

当级中流量不断增大时，产生较大的负冲角，这时在叶片工作面上发生分离，而且摩擦损失和冲击损失不断增大。当流量达到某最大值 m_{max} 时，叶轮对气体所做的全部功只够用来克服能量损失，这时级中压力不再升高，也即压比为 1。且当负冲角很大时，可能使叶道中的流动过程变为收敛性质，更谈不上提高压力了。或者当流量增大到某值后，流道某处出现了声速，这时级达到堵塞工况，不可能再增大流量了。所以级性能曲线的右边受到堵塞工况的限制。

3.2   多级离心压缩机模型

通常，单级离心压缩机的压力提升能力较低，不能满足工业生产的要求，因此实际生产中，大型离心压缩机大都采用多级压缩的方式。图 3.16 中描述了一个大型离心压缩机的多级压缩过程。气体由吸气室吸入，通过叶轮对气体做功，使气体的压力、速度、温度提高，然后流入扩压器，使速度降低，压力提高。经弯道和回流器的导向作用，气体流入下一级继续压缩。最后由末级流出的高温高压气体经蜗室和出气管道输出。

　　建立多级离心压缩机的模型时，假设流量、气体成分和压缩机转速前后不变，整个压缩过程与外界无热交换。多级离心压缩机的性能取决于压缩机各级的性能，级与级之间依次连接，前一级的出口参数即是后一级的入口参数。根据这种工艺结构，可以借鉴轴流式

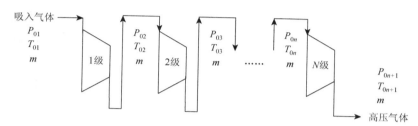

图 3.16　大型离心压缩机的多级压缩过程

压缩机逐级叠加计算的建模思想[16]，在离心压缩机各级机理模型的基础上，由各级模型逐个计算而得到整个多级离心压缩机的机理模型，如图 3.16 所示。多级离心压缩机的压比、温比和效率可由下式给出：

$$\varepsilon = \frac{P_{0n+1}}{P_{01}} = \prod_{i=1}^{n} \varepsilon_i \qquad (3.67)$$

$$\tau = \frac{T_{0n+1}}{T_{01}} = \prod_{i=1}^{n} \tau_i \qquad (3.68)$$

$$\eta(m, U_1) = \frac{\varepsilon^{\gamma-1/\gamma} - 1}{\tau - 1} \qquad (3.69)$$

式中，ε_i 和 τ_i 分别为各级模型逐级计算得到的压比和温比。

　　利用所建的多级离心压缩机模型，不仅可以预测压缩机在不同入口条件和转速下的性能曲线，还可以分析压缩机各级性能的变化对压缩机整体性能的影响，以及压缩机几何尺寸等参数的变化对其性能的影响。

　　图 3.17 是模型绘制的典型的三级离心压缩机在不同转速下的性能曲线，模型计算所用的几何尺寸等参数见表 3.1。这些性能指标都可从性能曲线中反映出来。以每个转速下性能曲线的最高点作为参考点，可以确定压缩机的喘振点和喘振线[17-19]，在喘振线和阻塞线之间是压缩机可以正常稳定运行的区域。从性能曲线可以看出，随着转速的升高，压缩机的出口压力迅速提升，性能曲线也随着转速的升高而变得更陡，而且随着转速的升高，特性曲线的最高点和阻塞点都向右移动；越接近喘振线压比就越高，相应的喘振发生的可能性也会增大；当进入阻塞

区后，压缩机的压比迅速下降。图 3.17 中转速单位是 r/min。必须指出，衡量一个级性能的好坏，不仅在设计工况下要有高的效率和压比，还要求有较宽的稳定工况范围。这些性能指标都可从性能曲线中反映出来，这与通过实验获得的压缩机性能曲线的分析结果一致。

表 3.1　三级离心压缩机模型的几何尺寸等参数

参数	参数值		
	第一级	第二级	第三级
滑移系数 σ	0.587	0.64	0.5908
叶轮叶片安装角 $\beta_{1b}/(°)$	33	33.5	32
叶轮入口平均直径 D_1/m	0.5883	0.5803	0.5767
叶轮出口平均直径 D_2/m	1.08	1.08	1.08
叶轮流道长度 l_i/m	0.425	0.404	0.372
扩压器流道长度 l_d/m	1.031	0.986	0.417
叶轮平均水力通道直径 D_i/m	0.1158	0.1006	0.0904
扩压器平均水力通道直径 D_d/m	0.0822	0.0677	0.0874
气体平均分子量 M	27.68	27.68	27.68
比热容比 γ	1.36	1.36	1.36
比热容 $c_p/[J/(kg·K)]$	1118.5	1118.5	1118.5
冲击损失系数 ξ	1.0158	1.3907	1.1832
叶轮参考面积 A_1/m^2	0.2717	0.2643	0.2612
损失之和 $\Delta\eta$	0.055	0.055	0.055

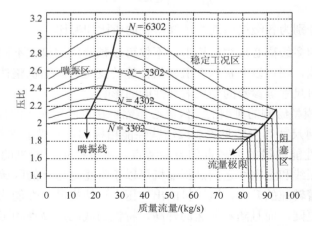

图 3.17　典型的三级离心压缩机在不同转速下的性能曲线

　　图 3.18 是模型绘制的三级离心压缩机各级及整体的冲击损失、摩擦损失、效率和进/出口温比随质量流量变化的性能曲线。可以看出，压缩机整体的性能取决于压缩机各级的性能。此外，从图 3.18（a）还可以看出，压缩机各级和压缩机整体的最小冲击损失发生时的质量流量即设计流量 m_0 相同，这说明所建模型以及模型参数选择的合理性和正确性；同时，第三级冲击损失的性能曲线与压缩机整体冲击损失的性能曲线最为接近，说明压缩机的性能主要取决于后面几级的性能，这与离心压缩机的设计理论和实验分析结果是一致的。

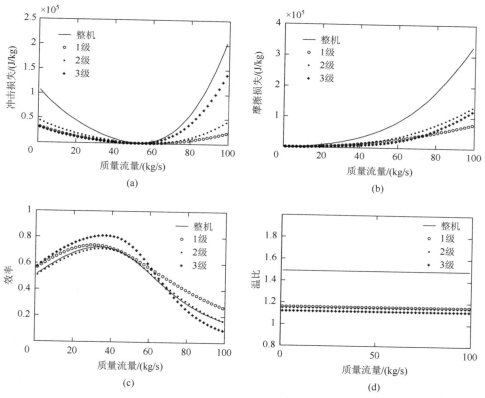

图 3.18　三级离心压缩机各级及整体性能曲线

（a）冲击损失；（b）摩擦损失；（c）效率；（d）温比

　　图 3.19 是利用模型绘制的压缩机各级叶轮入口角度 β_{1b} 取不同值时的压缩机的性能曲线。叶轮入口角度的取值情况见表 3.2。随着各级叶轮入口角度的增大，压缩机性能曲线向右移动，并且变得平滑，压缩机的安全运行区域有增大的趋势，其主要原因是冲击损失和摩擦损失的性能曲线变得平滑，并且最小冲击损失发生

的流量即设计流量 m_0 随着叶轮入口角的增大而向右移动，这与通过实验分析的结果是一致的。

表 3.2　叶轮入口角度的取值情况

入口角度取值方案	叶轮入口角度/(°)		
	1 级	2 级	3 级
方案 1	23	23.5	22
方案 2	33	33.5	32
方案 3	43	43.5	42

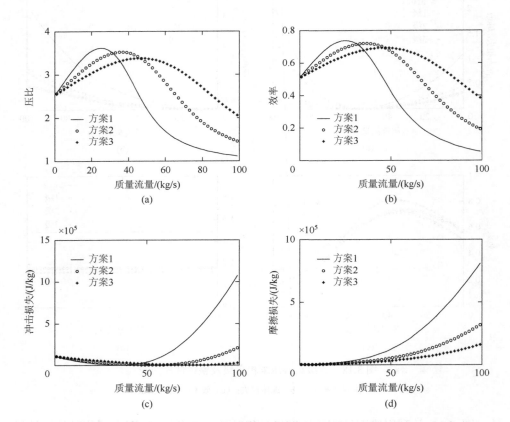

图 3.19　各级叶轮入口角度取不同值时压缩机的性能曲线图

（a）压比；（b）效率；（c）冲击损失；（d）摩擦损失

通过以上仿真分析，说明本节所建立的多级离心压缩机的模型能正确反映压缩机各级和整体的性能，模型绘制的性能曲线与实验获得的性能曲线特性一致。此外，利用建立的多级离心压缩机模型，还可以分析几何尺寸等参数，如叶轮入口角度、叶片出口直径和参考直径等变化对压缩机性能的影响。进一步还可以分析压缩机入口参数，如入口温度和压力等变化对压缩机性能的影响，此处不再赘述。

3.3   机理模型参数辨识

通过 3.1 节对离心压缩机的机理分析和公式推导，能够得到离心压缩机的机理模型。多级离心压缩机的程序流程图如图 3.20 所示。多级压缩机程序主要由四个子函数组成，分别为单级计算子函数、水蒸气分压比重子函数、饱和成分分析子函数和压缩机尺寸子函数。在进行仿真时，仅仅使流量变化，而固定了其他的入口条件，如温度、压力、煤气成分、转速等。本节以宝钢集团有限公司某台 COREX 煤气联合循环发电机组煤气系统低压段的离心压缩作为研究对象（联合循环发电机组的具体内容见本书第 7 章）。现场压缩机的转速稳定在 5302 r/min，温度取 308.15K，压力为 1.06bar[①]。仿真结果如图 3.21 所示。

在图 3.21 中，测试点是随机取一时间段的过程数据。由图可见，测试点与机理模型的距离很大，误差很大。而且测试点都应该在稳定工况范围内，该机理模型中的一些参数值的选择对模型影响较大，而这些参数是根据经验以及通过查阅相关资料得到的，和实际情况难免有不同程度的偏差。因此，在获得现场大量数据的基础上，采用遗传算法辨识这些参数，以得到更加准确的模型[20]。

3.3.1   遗传算法

遗传算法是借鉴生物自然选择和遗传机制的随机搜索寻优算法，它是美国学者 John Holland 于 1975 年首先提出来的。遗传算法之所以能够增强解决问题的能力，是因为自然演化过程本质上就是一个学习与优化的过程。该算法的核心思想是：生物进化过程（从简单到复杂，从低级到高级）本身是一个自然的、并行发生的、稳健的优化过程，其目的就是要适应环境。生物种群通过"优胜劣汰"及遗传变异来达到进化，生物的进化是通过繁殖、变异、竞争和选择实现的。

---

① 1bar = 10^5Pa。

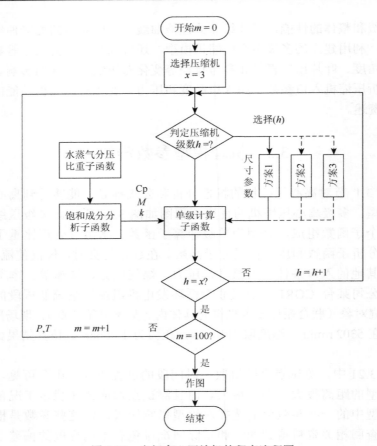

图 3.20　多级离心压缩机的程序流程图

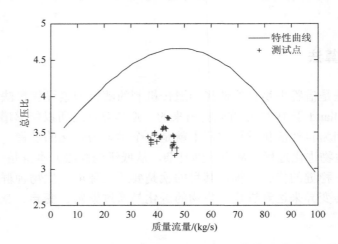

图 3.21　多级离心压缩机性能曲线

3.3.1.1　遗传算法概述

遗传算法（genetic algorithm，GA）是一种仿生优化算法，生物在其延续生存的过程中，逐渐适应于所生存的环境，使得种群品质不断得到改良，这种现象称为进化（evolution）。生物的进化是指群体（population）而言，但组成群体中的每一个生物个体（individual）对其生存环境则有着不同的适应能力（fitness）。自然选择学说认为，生物要生存，就必须斗争。生存斗争包括种内斗争、种间斗争以及生物个体跟环境斗争三个方面。在生存斗争中，具有优质遗传性状与有利变异（mutation）的个体容易存活下来，并在进化过程中有更多的机会将有利变异传给后代；具有劣质遗传性状与不利变异的个体就容易被淘汰，产生后代的机会也少得多。达尔文把这种在生存斗争中适者生存、不适者被淘汰的过程称为自然选择。自然选择学说表明，遗传和变异是决定生物进化的内在因素，遗传是指父代与子代在性状上的相似现象，变异是指父代与子代以及子代个体之间在性状上存在的差异现象。在生物进化过程中，个体的遗传性状往往会发生变异，而变异的性状又可以被遗传，遗传能使群体的性状不断地传送给后代，因此保持了物种的特性。变异使生物的性状发生改变，通过这种自然的选择，物种将逐渐地向适应于生存环境的方向进化，从而产生出优良的物种。

遗传算法就是一种基于自然群体遗传演化机制的高效全局优化搜索算法。它模拟生物进化过程中"优胜劣汰、适者生存"的机理，对于一个复杂的问题，将问题域中的可能解看作是群体的个体或染色体，并将每一个个体编码成符号串形式；根据预定的目标适应度函数对每个可能解进行评价，来确定搜索方向；借用生物遗传学的观点，通过对群体反复进行选择、交叉、变异等遗传学操作，不断得到更优的群体，同时以全局并行搜索方式来搜索优化群体中的最优个体，得到满足要求的最优解[21]。

关于遗传算法的几个基本术语：

1）基因（gene）

组成个体的单元，可以表示为二进制位、一个整数或一个字符。

2）个体

类似于生物的染色体，表示待求解问题的一个可能解，由若干基因组成，是GA 操作的基本对象。

3）群体

一定数量的个体组成群体，表示 GA 的遗传搜索空间。

4）适应度（fitness）

代表个体所对应解的优劣，通常由某一适应度函数表示。

5）选择（selection）

也称为复制，是 GA 的基本操作之一，即根据个体的适应度，在群体中按照一定的概率选择可以作为下一代父本的个体，选择依据是适应度大的个体被选中的概率高。选择操作体现了"适者生存、优胜劣汰"的进化规则。

6）交叉（crossover）

也称为杂交，GA 的基本操作之一，即将父本个体按照一定的概率随机地交换基因形成新的个体，体现了生物个体相互交配，产生新个体的原则。

7）变异

GA 的基本操作之一，即按一定概率随机改变某个个体的基因值，体现了生物变异产生新个体的原则。

8）编码（coding）

DNA 中的遗传信息在一个长链上按一定的模式排列，也即进行遗传编码。遗传编码可以看作从表现型到基因型的映射。

9）解码（decoding）

从基因型到表现型的映射，是编码的逆过程。

3.3.1.2　标准遗传算法计算过程

标准遗传算法（simple genetic algorithm，SGA）的构成要素有编码、适应度计算和遗传算子[22]。

1）编码

标准遗传算法的编码方式，使用固定长度的二进制串来表示种群中的个体。例如，如果搜索区间为[−1，2]，且精确到 6 位小数，则将区间分成 3×10^6 等份。因为 3×10^6 小于 2 的 22 次幂，且大于 2 的 21 次幂，则二进制串长度为 22 位，其中某一个个体二进制串可以为如下形式（1001010011110100011011）。初始种群中个体数目一般为 20～100，如果机器性能良好可以更多一些。个体产生是随机的。

2）适应度计算

标准遗传算法适应度要求必须大于零。这是因为标准遗传算法按每个个体适度成正比的概率来决定当前种群中每个个体遗传到下一代的机会是多少。如果适应度小于零就难以处理。因此这时一般加一个转换规则，即由目标函数值到个体适应度之间的转换规则。这一规则保证个体适应度大于零，且值的范围便于处理。转换规则并不固定，一般由具体问题决定。

3）遗传算子

标准遗传算法的遗传算子包括选择算子、交叉算子和变异算子，三个遗传算子构成了所谓的遗传操作，三个算子也使遗传算法具有与传统优化算法不同的特点。

选择算子，即在当代种群中按一定规则，选择一定数量个体以进行交叉、变异运算。选择算子在标准遗传算法中一般使用比例选择算法，即按个体适应度正比概率来决定选中的个体。这使个体适应度高的个体能够有更多的机会繁殖后代，传播优秀的基因。选择操作产生了遗传算法的方向性。

交叉算子，即在个体间选择某一些个体进行基因交换（繁殖）。交叉是交换染色体上某些基因从而形成新的染色体。如两个个体分别为（100101001110100011011）和（001101010011010101110010），如果交叉点在第 1 位，则交叉后原来的两个个体分别变为（000101001110100011011）和（101101010011010101110010）。交叉点可能不止一个。标准遗传算法使用单点交叉，即交叉点仅有一个。

变异算子在标准遗传算法中为基本变异算子，是最简单、最基本的变异算子。如果某一个染色体的某一位发生变异，那么该位的值由 0 变成 1，或者由 1 变成 0。如（101101010011010101110010）中从左到右第 4 位发生了变异，则经过变异之后原染色体变为（101001010011010 1110010）。变异是按一定概率规则发生的。

利用遗传算法解最优化问题，首先应对变量可行域中的点进行编码，然后在可行域中按编码方式随机产生一定数量的个体，作为进化起点的第一代群体。通过计算每个个体的适应度函数值，并依此对群体进行选择、交叉、变异等人工遗传操作，产生新一代群体。以新产生的群体作为父本，重复选择、交叉、变异过程，直到终止条件得到满足为止。算法的流程如图 3.22 所示。整个计算过程分为以下几步。

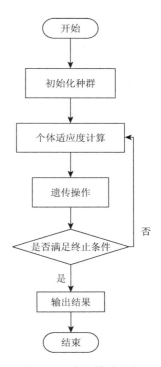

图 3.22 遗传算法流程

（1）确定编码（形式、精度）。

（2）随机生成编码字符串，组成初始群体。

（3）个体适应度计算。

（4）根据设定的遗传概率，进行下述遗传操作，产生新一代群体：

（a）选择，将上一代的优良个体复制后移入新群体中，剔除劣质个体。

（b）交叉，将选出的个体相互配对，进行部分染色体交换，产生新个体添入新群体中。

（c）变异，随机改变某一个个体的某个基因后，形成新个体，添入新群体中。

（5）反复执行（3）、（4），当满足终止条件，停止进化，并选择最佳个体作为问题的优化结果。

3.3.1.3 模式定理

模式定理是由 Holland 教授在 20 世纪 70 年代提出的, 是遗传算法的理论基础。模式定理使我们从一个角度对遗传算法有了深入的认识, 揭示出了群体中优良个体的样本数将以指数级规律增长, 因而从理论上保证了遗传算法是一个可以用来寻求最优可行解的优化过程。

关于模式定理的几个定义[23]为:

定义 3.1 模式: 基于三值字符集{0, 1, *}所产生的能描述具有某些结构相似性的 0、1 字符串称为模式。

符号 "*" 称为通配符, 即 "*" 既可以被当作 "0", 也可以被当作 "1"。以长度为 5 的串为例, 模式*0001 描述了在位置 2、3、4、5 具有形式 "0001" 所有字符串, 即{10001, 00001}。模式的概念为我们提供了一种简单的用于描述在某些位置上具有结构相似性的 0、1 字符串集合的方法。引入模式概念后, 我们看到一个串实际上隐含在多个串中, 不同的串之间通过模式而相互联系。遗传算法中串的运算实质上是模式的运算。因此, 通过分析模式在遗传操作下的变化, 就可以了解什么性质被丢弃, 从而把握遗传算法的实质。

定义 3.2 模式阶: 模式 H 中确定位置的个数称为该模式的模式阶 (schema order), 记作 $o(H)$。

比如模式 011*1*中有 4 个位置上的数值是确定的, 所以其阶数为 4, 而模式 0*****只有一个位置上的数值是确定的, 所以其阶数为 1。显然, 一个模式的阶越高, 其所代表的集合中的个体数就越少, 因而确定性越高。但是, 模式阶并不能反映模式的所有性质。为此, 我们再引入定义距的概念。

定义 3.3 定义距: 模式 H 中第一个确定位置和最后一个确定位置之间的距离称为该模式的定义距 (defining length), 记作 $\delta(H)$。

比如模式 011*1*1 的定义距为 5, 而模式 0*****的定义距为 0。

设 H 是任一个模式, $P(g) = \{x_1(g), x_2(g), \cdots, x_n(g)\}$ 是第 g 代群体, $x_i(g)(i = 1, \cdots, n)$ 是该群体中的所有个体, $S(H, g)$ 表示在群体 $P(g)$ 中模式为 H 的所有个体的集合, $m(H, g)$ 表示集合 $S(H, g)$ 中个体的数目, $f(x)$ 表示个体的适应度, $f(H, g)$ 表示 $S(H, g)$ 中个体的平均适应度:

$$f(H, g) = \frac{1}{m(H, g)} \sum_{x \in S(H, g)} f(x) \tag{3.70}$$

$\overline{f}$ 表示 $P(g)$ 中个体的平均适应度:

$$\overline{f} = \frac{1}{n} \sum_{x \in P(g)} f(x) \tag{3.71}$$

定义 3.4　模式定理：设遗传算法的交叉概率和变异概率分别为 P_c 和 P_m，l 为个体基因链码的长度，则有

$$m(H,g+1) \geqslant m(H,g) \frac{f(H,g)}{\bar{f}} \left[1 - P_c \frac{\delta(H)}{l-1} - o(H)P_m \right] \qquad (3.72)$$

它说明了模式增加的规律：在选择、交叉和变异的作用下，具有低阶、短定义距以及平均适应度高于群体平均适应度的模式在后代中将以指数级增长。

3.3.1.4　遗传算法的特点

遗传算法的主要特点[21]如下：

（1）遗传算法的处理对象不是参数本身，而是对参数集进行了编码的个体。此编码操作使得遗传算法可以直接对结构对象进行操作。所谓结构对象泛指集合、序列、矩阵、树、图、链和表等各种一维或二维甚至三维结构形式的对象。这一特点使得遗传算法具有广泛的应用领域。

（2）遗传算法具有自组织、自适应和自学习性（智能性）。应用遗传算法求解问题时，在编码方案、适应度函数及遗传算子确定后，算法将利用进化过程中获得的信息自行组织搜索。由于基于自然的选择策略为"适者生存、不适应者被淘汰"，因而适应度大的个体具有较高的生存概率。通常，适应度较大的个体具有更适应环境的基因结构，再通过基因重组和基因突变等遗传操作，就可能产生更适应环境的后代。遗传算法的这种自组织、自适应特征，使它同时具有能根据环境变化来自动发现环境的特性和规律的能力。

（3）遗传算法的本质并行性。遗传算法按并行方式搜索一个种群数目的点，而不是单点。它的并行性表现在两个方面，一是遗传算法是内在并行的（inherent parallelism），即遗传算法本身非常适合大规模并行；二是遗传算法的内涵并行性（implicit parallelism）。由于遗传算法采用种群的方式组织搜索，因而可以同时搜索解空间内的多个区域，并相互交流信息。适应了这种搜索方式，虽然每次只执行与种群规模 n 成比例的计算，但实质上已进行了大约 $O(n^3)$ 次有效搜索，这就使遗传算法能以较少的计算获得较大的收益。

（4）在标准遗传算法中，基本上不用搜索空间的知识或其他辅助信息，而仅用适应度函数值来评估个体，并在此基础上进行遗传操作。

（5）遗传算法不是采用确定的转换规则，而是采用概率的变迁规则来指导它的搜索方向。遗传算法采用概率仅仅是作为一种工具来引导其搜索过程朝着搜索空间的更优化的解区域移动，因此虽然看起来它像是一种盲目的搜索方法，但实际上有着明确的搜索方向。

3.3.2　参数辨识

　　L.A. Zadeh 在 1962 年给辨识下过这样的定义[24]："辨识就是在输入和输出数据的基础上，从一组给定的模型类中，确定一个与所测系统等价的模型"。这个定义明确了辨识的三大要素：①输入输出数据；②模型类；③等价准则。其中，数据是辨识的基础；准则是辨识的优化目标；模型类是寻找模型的范围。当然，按照 Zadeh 的定义，寻找一个与实际过程完全等价的模型无疑是非常困难的。从实用观点出发，对模型的要求并非如此苛刻，为此对辨识又有一些比较实用的定义。

　　1978 年，L.Ljung 给辨识下的定义更加实用："辨识有三个要素——数据、模型类和准则。辨识就是按照一个准则在一组模型类中选择一个与数据拟合的最好的模型"。总而言之，辨识的实质就是从一组模型类中选择一个模型，按照某种准则，使之能最好地拟合所关心的实际过程。下面将分别对离心压缩机参数辨识的三要素进行讨论。

3.3.2.1　数据预处理理论

　　数据预处理一般主要包括数据校正、数据集成和数据归约[25]。数据校正是处理数据中的遗漏和清洗噪声数据；数据集成将多数据源中的数据进行合并处理，解决语义模糊性并整合成一致的数据进行存储；数据归约则是辨别出需要的数据集合，缩小处理范围。

　　1）数据校正

　　数据校正主要处理空缺值，平滑噪声数据，识别、删除孤立点。数据校正的基本方法有空缺值处理和误差的处理。

　　空缺值处理。目前最常用的方法是使用最可能的值来填充空缺值，比如可以用回归、贝叶斯形式化方法工具或判定树归纳等确定空缺值。这类方法依靠现有的数据信息来推测空缺值，使空缺值有更大的机会保持与其他属性之间的联系。

　　误差的处理。误差的处理又分为过失误差和随机误差。测量者读数或记录的严重失误、仪器仪表失灵和操作不稳所引起的误差称为过失误差。过失误差的处理主要分为两步，第一步是根据工艺要求和操作经验，总结出原始数据变量的操作范围，然后采用限幅的方法来剔除一部分数据；第二步是采用统计判别法检验并剔除含有过失误差的数据。常采用的方法是 3σ 准则。其数学方法为[26]：设样本数据为 $y_1, y_2, \cdots, y_n$，平均值为 $\bar{y}$，偏差为 $v_i = y_i - \bar{y}, i = 1, 2, \cdots, n$。按照 Bessel 公式计算出标准偏差：

$$\sigma = [v_i^2 / (n-1)]^{1/2} = \left\{ \left[\sum_{i=1}^{n} y_i^2 - \left(\sum_{i=1}^{n} y_i \right)^2 \middle/ n \right] \middle/ (n-1) \right\}^{1/2} \qquad (3.73)$$

如果某一样本数据 y_k 的偏差 $v_k (1 \leqslant k \leqslant n)$ 满足 $|v_k| > 3\sigma$，则认为此数据不合理，应予以剔除。

随机误差的处理。在离线建模时，可以采用数据平滑的方法来消除测量数据中的随机噪声。常用的方法为滑动平均法和中值滤波法。滑动平均法的基本原理是：在一组数据进行滤波前，先选好带宽，然后在指定数据的带宽范围内，用带宽内所有数据的平均值来代替指定数据。中值滤波法的基本原理是，要先选好带宽，当然带宽要区分偶数和奇数，然后用指定数据的带宽范围内的中位数代替指定数据。

2）数据集成

数据集成涉及 3 个问题：一是模式集成，即如何将小同信息源中的实体匹配来进行模式集成。通常借助数据库或数据仓库的数据进行模式识别；二是冗余数据集成往往导致数据冗余，如同一属性多次出现、同一属性命名不一致等，对于属性间冗余可以用相关分析检测到，然后删除；三是数据量纲的冲突，由于工业过程中出现的工程单位不同或数值上相差几个数量级的测量数据，我们需要选择适当的因子进行标度，这样可以有效地改善建模的效果。常用的方法为数据的标准化和归一化。标准化的一般公式[27]为

设 p 维向量 $\boldsymbol{X} = (\boldsymbol{X}_1, \boldsymbol{X}_2, \cdots, \boldsymbol{X}_p)$ 的观测矩阵为

$$\boldsymbol{X} = \begin{bmatrix} x_{11} & x_{12} & \cdots & x_{1p} \\ x_{21} & x_{22} & \cdots & x_{2p} \\ \vdots & \vdots & & \vdots \\ x_{n1} & x_{n2} & \cdots & x_{np} \end{bmatrix} \qquad (3.74)$$

则标准化后的数值为

$$x_{ij}^* = \frac{x_{ij} - \overline{x}_j}{\sqrt{s_{ij}}}, \quad i = 1, 2, \cdots, n; \quad j = 1, 2, \cdots, p \qquad (3.75)$$

式中，$\overline{x}_j = \dfrac{1}{n} \sum_{i=1}^{n} x_{ij}$，$\sqrt{s_{ij}} = \sqrt{\dfrac{1}{n-1} \sum_{i=1}^{n} \left(x_{ij} - \overline{x}_j \right)^2}$。经过标准化变换后，矩阵 $\boldsymbol{X}$ 各列的均值为 0，标准差均为 1。归一化的公式将在第 6 章数据归一化处理一节中详细讨论。

3）数据归约

数据归约技术可以用来得到数据集的归约表示，它接近于保持原数据的完整性，但数据量比原数据小得多。与非归约数据相比，处理数据所需的时间和

内存资源更少，并产生相同或几乎相同的分析结果。几种数据归约的方法如下所示。

维归约。通过删除不相关的属性（或维）减少数据量。不仅压缩了数据集，还减少了出现在发现模式上的属性数目。通常采用属性子集选择方法找出最小属性集，使得数据类的概率分布尽可能地接近使用所有属性的原分布。

数据压缩。应用数据编码或变换，得到原数据的归约或压缩表示。数据压缩分为无损压缩和有损压缩。比较流行和有效的有损数据压缩方法是小波变换和主成分分析。小波变换对于稀疏或倾斜数据以及具有有序属性的数据有很好的压缩结果。主成分分析计算花费低，可以用于有序或无序的属性，并且可以处理稀疏或倾斜数据。

数值归约。数值归约通过选择替代的、较小的数据表示形式来减少数据量。数值归约技术可以是有参的，也可以是无参的。有参方法是使用一个模型来评估数据，只需存放参数，而不需要存放实际数据。

概念分层。概念分层是通过收集并用较高层的概念替换较低层的概念来定义数值属性的一个离散化。概念分层可以用来归约数据，通过这种概化，尽管细节丢失了，但概化后的数据更有意义、更容易理解，并且所需的空间比原数据少。对于数值属性，由于数据可能的取值范围的多样性和数据值更新的频繁，说明概念分层是困难的。数值属性的概念分层可以根据数据的分布分析自动地构造，如用分箱法、直方图分析、聚类分析、基于熵的离散化和自然划分分段等技术生成数值概念分层。

数据预处理的基本流程如图 3.23 所示。

图 3.23　数据预处理的基本流程

3.3.2.2　过程数据辅助变量的选择与转换

宝钢集团有限公司现场提供的过程数据是从 2008 年到 2010 年 5 月份，总共大小为 500G 左右。在如此庞大的数据中，要求选取对建立压缩机模型有实用价值的数据。由于 DCS 系统中所读取的数据为 PLC 输出的数据，所以过程数据已经经过了噪声滤波。所以在接下来的数据预处理中并没有考虑噪声的影响。过程数据的预处理主要分为三步：第一步主要是排除压缩机启动和停机等非正常数据；第二步是将 DCS 系统读取的数据转换成能够读取利用的数据；第三步是选取稳定工况的数据。

第一步，首先，要确定需要导出的变量。煤气系统过程数据中有很多变量，出于对项目研究的考虑，在 DCS 系统中，将煤气系统和闭式冷却水系统共 59 个变量分成 10 组，每一组不多于 8 个变量。这是因为 DCS 系统单次导出的变量最多只有 8 个。其次，在 DCS 系统上观察流量和转速的图形，选取流量相对稳定且存在的时间段，同时，排除转速为零的时间段。压缩机在启动和停机时的数据，由于流量不稳定，且转速没有达到稳定状态，所以不选取。最后，将选取好的时间段内的所有变量按照分组逐次导出数据。因此，每一时间段将会有 10 组数据，采样时间定为 3 秒。

第二步，第一步导出的数据每组占用一个 excel 表格。首先要把所有变量全部放在一张表格中，同时对过程数据进行单位转换和重复测点取平均值。由于用 excel 打开表格时，系统默认所有数据放在一个单元格中，所以需要将其转化为 txt 文件。对 txt 表格文件，需要删除表头，否则 MATLAB 不会读取，而且除了删除表头外，还要将日期和时间加进去。加入日期和时间时需要注意，需要将符号"。"和"："化为空格，否则 MATLAB 不会读取。然后再用事先编好的 10 组程序依次运行。最后将 10 组数据放在同一张 excel 表格中。

这里需要注意的是，由于 office2003 里的 excel 最多只能够打开 65535 行文件，过程数据的行数非常多，远超过了 65535 行。所以进行数据转换时，必须要用 office2007。同时，进行符号转换时，若用 Windows XP 系统转换时间很长，所以使用 Windows Vista 或 Windows 7 系统。

第三步，在 DCS 系统中，在同一时间段内观察流量、转速、煤气成分、温度和压力，按照一定的原则选择时间段，将其记录在笔记本上。

（1）以一天作为时间长度，将各变量放在一张图上观察。

（2）取转速存在的时间段，不考虑启动和停机阶段。

（3）取所有变量相对稳定的时间段。

（4）由于一天的温度变化，取早晨温度上升阶段，中午平稳阶段，下午下降阶段和晚上稳定阶段。

（5）放大时间轴，所有极端工况数据全部取下来。

根据记录的时间段，在第二步中转化的 excel 表格中找到相应时间段作对应的数据。每段数据取 6 分钟，在 excel 中求得平均值。将所有的平均值统一放在一张 excel 表格中。

3.3.2.3　辨识数据的选择

经过上面数据与处理的过程之后，大概有 1500 多组数据。在这些数据中，有很多信息重复的地方。现在再进行进一步的精选过程。

根据机理分析，我们知道，压缩机的喘振和流量有很大的关系。流量是最重要的变量。另外，温度在一年四季变化很大，而且同一天早中晚的温度也不同，因此，温度也是很重要的变量。在现场，压缩机运行时的入口压力很稳定，压力随着流量的变化而有微小的变化。煤气成分的百分数也比较稳定，甲烷和氢气的变化相对稍大，但是甲烷和氢气所占的体积百分数比较小，对总体分子量的影响不大。

（1）流量要覆盖所有工况的测点，尤其是极端工况，要全部保留。

（2）要特别注意流量选择时，每一个流量范围内，要取相同数目的流量值，以保证流量范围的平均性。这样就避免了参数辨识时产生数据偏重。

（3）在保证流量所有工况都取到的前提下，在每个流量范围内，找到所对应的温度值，要使得温度的覆盖范围尽量大一些。

通过上面选取数据的方法，最后从1500多组数据中选取了100多组数据进行参数辨识。

3.3.2.4　测试数据的选择

测试数据与辨识数据最大的不同为辨识数据是经过了一系列的数据处理之后精选出来的数据，而测试数据完全是未经处理的原始数据。共选出127组数据。

直接在转出的excel表格中挑选数据。挑选数据的范围是2009年全年的数据，这样数据就能包括春夏秋冬一年四季的不同数据。

兼顾不同的时间段。一个月取20个数据，1个月取5天，每6天一取，一天取4组数据，每6个小时取一个数据。

放大时间轴，选取一些稳定工况下的极端工况点。

3.3.3　参数分析

第3.1节导出了离心压缩机的机理模型，该模型中有5个参数是待辨识的，在辨识参数之前，首先分析一下这些参数对模型及性能曲线的影响。

1）叶轮叶片安装角

离心压缩机的叶轮又称工作轮，是离心压缩机中唯一对气流做功的元件。叶轮是转子上的最主要部件，一般由轮盘、轮盖和叶片等零件组成。气体在叶轮叶片的作用下，随叶轮做高速旋转，气体受旋转离心力的作用以及在叶轮里的扩压流动，使它通过叶轮后的压力得到提高。对叶轮的要求之一是当气体流过叶轮时，气体在叶轮上的冲击损失要小，即气体流经叶轮的效率要高。

在 3.1 节，分析了气体在叶轮上的冲击损失 Δh_{ii}，其计算公式为

$$\Delta h_{ii} = \frac{1}{2}\left(U_1 - \frac{\cot\beta_{1b}m}{\rho_{01}A_1}\right)^2 \tag{3.76}$$

式中，β_{1b} 为叶轮叶片安装角。从式（3.76）可以看出，叶轮叶片安装角的大小对冲击损失影响较大，进一步影响到压缩机的模型。图 3.24 显示了不同叶轮叶片安装角对压缩机压比性能曲线的影响。随着叶轮叶片安装角的增大，性能曲线向右移动，而压比的最大值没有太大变化。

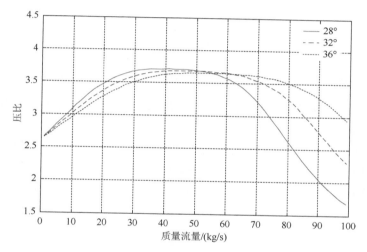

图 3.24　不同叶轮叶片安装角对压缩机压比性能曲线的影响

2）扩压器叶片安装角

在离心压缩机中，扩压器是一个与叶轮几乎同等重要的部件，其叶片安装角对于提高压缩机级效率和级压比、改变最佳工况点位置以及扩大稳定工作范围起着十分重要的作用。

扩压器上的冲击损失计算公式为

$$\Delta h_{id} = \frac{1}{2}\left(\frac{\sigma D_2 U_1}{D_1} - \frac{m\cot\alpha_{2b}}{\rho_{01}A_1}\right)^2 \tag{3.77}$$

式中，α_{2b} 为扩压器叶片安装角。同样地，扩压器叶片安装角的大小也会影响到离心压缩机的模型。图 3.25 显示了不同扩压器叶片安装角对压缩机压比性能曲线的影响。随着扩压器叶片安装角的增大，性能曲线向右移动。

3）冲击损失系数

当流量大于设计流量时，一般边界层不易分离，冲击损失小。当流量小于设

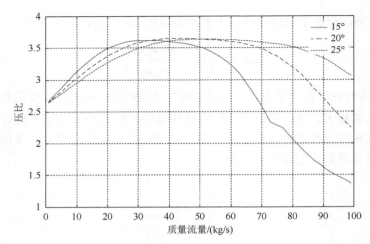

图 3.25　不同扩压器叶片安装角对压缩机压比性能曲线的影响

计流量时，边界层易分离，冲击损失大。所以冲击损失的大小与冲角的正负关系很大，这可由冲击损失系数 ξ_{sh} 反映出来。

　　由式（3.31）和式（3.32）可以看出冲击损失系数对离心压缩机模型的影响。不同冲击损失系数对压缩机压比性能曲线的影响如图 3.26 所示。从图中可以看出，冲击损失系数的改变对性能曲线的影响较大，因此有必要根据实测数据辨识冲击损失系数。

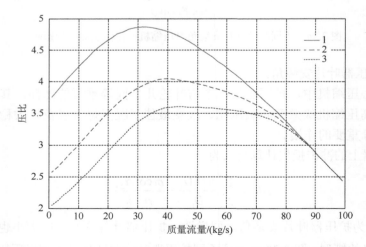

图 3.26　不同冲击损失系数对压缩机压比性能曲线的影响

4）叶轮面积调节系数

高压比、高转速离心叶轮是离心压缩机的关键部件，具有单级压比高、体积小的特点。离心叶轮是环列叶栅,黏性、扩压引起的分离和二次流使叶轮内气体的流动变得复杂。由于叶轮是一个整体,各几何参数的变化均反映在面积 A_1 的变化上,因此,有必要研究叶轮面积 A_1 对离心压缩机性能的影响。叶轮面积 A_1 按下式计算:

$$A_1 = \pi \left(\frac{D_1}{2} \right)^2 = \frac{\pi D_1^2}{4} = \frac{\pi (D_{t1}^2 + D_{h1}^2)}{8} \tag{3.78}$$

式中, D_{t1} 和 D_{h1} 分别为导风轮和主轴的直径; D_1 为叶轮的平均直径。

由式(3.78)可以看出,叶轮面积 A_1 能够综合反映各几何参数的变化及其对离心压缩机性能的影响。为了避免叶轮的平均直径 D_1 在测量计算过程中的误差,需要加入一个调节系数修正叶轮面积的数值:

$$A_1' = \delta A_1 \tag{3.79}$$

式中, δ 为叶轮面积调节系数; A_1' 为修正后的叶轮面积。

图 3.27 显示了不同叶轮面积调节系数 δ 对压缩机性能曲线的影响。随着调节系数的增大,性能曲线右移,并且变得平缓一些。

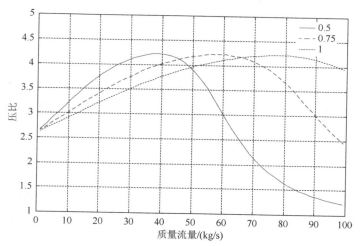

图 3.27 不同叶轮面积调节系数 δ 对压缩机性能曲线的影响

5)压比调节系数

在本书 3.1 节中,详细推导了离心压缩机的机理模型,得到了压缩机的输出压比与入口质量流量的关系式,如式(3.64)所示。但是,由于现场的工况随时改变,仅仅通过机理推导并不能准确得出实际压比与入口质量流量的关系,因此,我们需要根据获得的大量实测数据辨识压比系数的大小,以得到准确的模型和性能曲线。加入调节系数后,压比和流量的关系式变为

$$\frac{p_{\text{out}}}{p_{\text{in}}} = \lambda \Psi_{\text{c}}(U_1, m) \tag{3.80}$$

式中，λ 为压比调节系数。

图 3.28 显示了不同压比调节系数 λ 对压缩机性能曲线的影响。随着调节系数的增大，性能曲线上移。

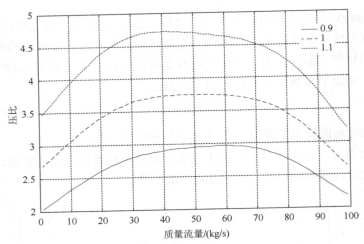

图 3.28　不同压比调节系数 λ 对压缩机性能曲线的影响

由上述分析可知，不同模型参数的变化对离心压缩机模型及性能曲线的影响是不尽相同的。根据 3.1 节的公式推导，离心压缩机的压比模型为

$$\varepsilon = \frac{p_{\text{out}}}{p_{\text{in}}} = \Psi_{\text{c}}(U_1, m) = \left(1 + \frac{\eta_{\text{i}}(m, U_1)\Delta h_{0\text{c,ideal}}}{T_{01}c_{\text{p}}}\right)^{\gamma/\gamma-1} \tag{3.81}$$

根据式（3.42）与式（3.43）中 $\eta_{\text{i}}(m, U_1)$ 以及 Δh_{loss} 等的计算公式可知，上述叶轮叶片安装角、扩压器叶片安装角、冲击损失系数、叶轮面积调节系数等模型参数均是非线性的形式。显然，用传统的线性辨识方法，如最小二乘方法等无法取得较满意的效果。遗传算法作为一种新兴的优化算法，由于其具有不受函数性质制约、全方位搜索及全局收敛等诸多优点，能最大限度地进行全局搜索，避免陷入局部最小，因此选择遗传算法辨识离心压缩机模型参数[28]。

3.3.4　遗传算法的设计

经过 3.1 节对模型的推导，能确定模型的结构。现在用遗传算法进行系统辨识，就是在已知模型结构的基础上，用遗传算法来优化模型参数[29]。遗传算法参数辨识原理如图 3.29 所示。

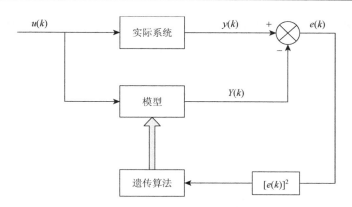

图 3.29 遗传算法参数辨识原理

图 3.29 中，$u(k)$ 为系统输入值，$y(k)$ 为系统实际输出测量值，$Y(k)$ 为模型计算值，系统输出误差 $e(k) = y(k) - Y(k)$。

为了获取满意的参数辨识效果，采用误差绝对值平方和的最小值作为参数选取的目标函数，其定义式如下：

$$f = \min \sum_{k=1}^{m} [y(k) - Y(k)]^2 \tag{3.82}$$

式中，k 为采样时刻；m 为样本个数。参数辨识的结果为误差平方和取最小值时的参数值，即最优参数。

选择操作采取随机均匀分布的选择方法，交叉操作采用分散的交叉方法，变异操作采用高斯变异算子[30]。设计遗传算法的步骤如下：

（1）初始化：设置进化代数计数器 $t = 0$；设置最大进化代数 $T = 100$；随机生成 5 个系统模型参数，从而形成初始群体 $P(0)$。

（2）个体评价：根据适应度函数计算群体 $P(t)$ 中每一组参数的适应度值。

（3）遗传操作：将选择、交叉、变异算子作用于群体，群体 $P(t)$ 经过运算后得到下一代群体 $P(t+1)$。

（4）终止条件判断：若 $t \leqslant T$，则 $(t+1) \to t$，转到（2）；若 $t > T$，则以算法进行过程中得到的具有最大适应度的个体作为最优解输出，终止计算。该最优解就是所要辨识的系统模型参数。

3.3.5 仿真分析

图 3.30 所示为遗传算法参数辨识前后离心压缩机的性能曲线对比。从图中可以看出，未辨识的性能曲线明显偏离压缩机的实际工作点，而用遗传算法辨识之

后的性能曲线和实际工作点吻合的比较好，并且喘振点（即性能曲线的最高点）落在了实际工作点（多工况）的左侧，符合实际要求。

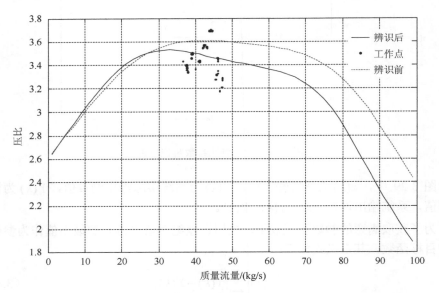

图 3.30　遗传算法参数辨识效果

参数辨识后的模型输出与实测值的相对误差如图 3.31 所示。可以看出，相对误差基本上在–3%～3%的范围内，这种结果是符合要求的。

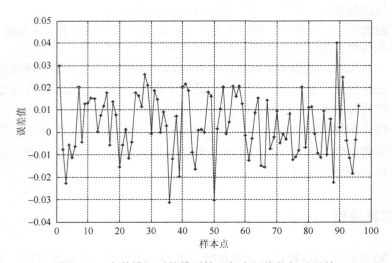

图 3.31　参数辨识后的模型输出与实测值的相对误差

最小二乘法并不适合本书离心压缩机的模型。图 3.32 所示为使用基于最小二乘法思想的 lsqcurvefit 函数拟合的性能曲线。从图中可以看出，拟合后的喘振点落在了压缩机正常运行点的右侧，这显然是不符合实际要求的。

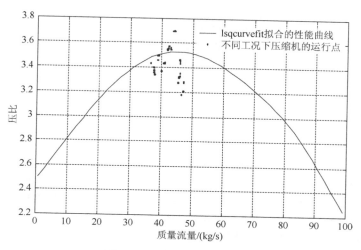

图 3.32   lsqcurvefit 拟合效果

参 考 文 献

[1]   Cohen H，Rogers G F C，Saravanamuttoo H I H. Gas Turbine Theory [M]. Colchester：Longman，1996.

[2]   Flink D A，Cumpsty N A，Greitzer E M. Surge dynamics in a free-spool centrifugal compressor [J]. ASME J. Turbomachinery，1992，114：321-332.

[3]   Ferguson T B. The Centrifugal Compressor Stage [M]. London：Butterworths，1963.

[4]   Emmons H W，Pearson C E，Grant H P. Compressor surge and stall propagation[J]. Transactions on ASME，1955，77：455-469.

[5]   Dussourd J L，Pfannebecker G W，Singhania S K. An experimental investigation of the control of surge in radial compressors using close coupled resistances[J]. J. Fluids Eng.，1977，99：64-66.

[6]   Nisenfeld A E. Centrifugal Compressors：Principles of Operation and Control [M]. Instrument，Soc. Amer.，1982.

[7]   Watson N，Janota M S. Turbocharging the Internal Combustion Engine [M]. New York：MacMillan，1982.

[8]   Whitfield A，Wallace F J. Study of incidence loss models in radial and mixed-flow turbomachinery [C]//Proc. Conf. Heat Fluid Flow in Steam and Gas Turbine Plant，Univ.，Warwick，Coventry，U.K.，1973：122-124.

[9]   徐忠. 离心式压缩机原理[M]. 北京：机械工业出版社，1990：122-135.

[10]   Balje O E. A contribution to the problem of designing radial turbomachines [J]. Trans. ASME，1952，74：451-472.

[11]   Cumpsty N A. Compressor Aerodynamics [M]. Colchester：Longman，1989.

[12]   Pampreen R C. Small turbomachinery compressor and fan aerodynamics [J]. J. Eng. Power，1973，95：251-256.

[13]   Lorett J A，Gopalakrishnan S. Interaction between impeller and volute of pumps at off-design conditions [J]. J. Fluids Eng.，1986，108：12-18.

[14] Dixon S L. Thermodynamics of Turbomachinery [M]. Oxford：Pergamon，1978.

[15] Day I J. Axial compressor performance during surge [J]. J. Propulsion Power，1994，10（3）：455-469.

[16] Song T W，Kim T S，Kim J H，et al. Performance prediction of axial flow compressors using stage characteristics and simultaneous calculation of interstage parameters[J]//Proceedings of the Institution of Mechanical Engineers，Part A：Journal of Power and Energy，2001，215（1）：89-98.

[17] 张吉. CCPP 煤气系统建模及压缩机防喘策略研究[D]. 沈阳：东北大学，2010.

[18] 周健. CCPP 机组多级煤气压缩机系统建模[D]. 沈阳：东北大学，2011.

[19] Gravdahl J T，Willems F，de Jager B，et al. Modeling for surge control of centrifugal compressors：Comparison with experiment[C]. Decision and Control，2000. Proceedings of the 39th IEEE Conference on，2000，2：1341-1346.

[20] Chu F，Wang F L，Wang X G. A model for parameter estimation of multistage centrifugal compressor and compressor performance analysis using genetic algorithm[J]. Science China（Technological Sciences），2012，55（11）：3163-3175.

[21] 李敏强，寇纪淞，林丹，等. 遗传算法的基本理论及应用[M]. 北京：科学出版社，2003：32-37.

[22] 张文修，梁怡. 遗传算法的数学基础[M]. 西安：西安交通大学出版社，2000：142-149.

[23] 蒙祖强，蔡自兴. 一种基于并行遗传算法的非线性系统辨识方法[J]. 控制与决策，2003，18（3）：367-370.

[24] 方崇智，萧德云.系统辨识[M]. 北京：清华大学出版社，1988：213-215.

[25] 程开明.统计数据与处理的理论与方法述评[J]. 统计与信息论坛，2007，22（6）：98-103.

[26] 赵恒平，俞金寿.化工数据预处理及其在建模中的应用[J]. 华东理工大学学报，2005，31（2）：223-226.

[27] 谢中华.MATLAB 统计分析与应用：40 个案例分析[M]. 北京：北京航空航天大学出版社，2010：160-163.

[28] 王志清.透平压缩机的调节运行与振动[M]. 北京，机械工业出版社，1996：65-66.

[29] 尼森费尔德. 离心式压缩机操作与控制原理[M]. 夏斌译. 北京：机械工业出版社，1988：32-35.

[30] Cohen H，Rogers G F C，Saravanamuttoo H I H. Gas Turbine Theory [M]. Colchester：Longman，1996.

4 离心压缩机混合模型

系统模型一般可分为物理模型和数学模型。物理模型与实际系统有相似的物理性质，它可以是按比例缩小的实物模型或生产过程中试制的样机模型。数学模型是用抽象的数学方程描述系统内部物理变量之间关系而建立起来的模型，它是对实际系统的一种相似描述。

目前数学模型的建立主要有三类方法：一类是机理建模，即根据过程本身的内在机理，利用能量平衡、物质平衡、反应动力学等规律来建立系统的模型；一类是数据建模方法，即根据被控过程的输入、输出数据建立数学模型；再一类是基于机理建模与数据建模的混合建模方法。

1）机理建模

机理建模是建立在对过程的物理、化学机理分析的基础上，推导得出描述操作变量与状态变量及输出变量之间的函数关系式。建立数学模型的方法是根据一些已知的定律、定理和原理，列出一系列机理方程，包括质量平衡方程和物理、化学方程如传热方程、传质方程、化学反应动力学方程、热力学方程和流体力学方程等。一般来说，采用机理建模方法所建系统模型，其定性结论都是正确的。然而，机理模型通常是在一定假设或简化条件下得到的，有时虽然模型的定性结论正确，但精度不一定满足要求。另外，有些实际系统的机理过程非常复杂，要想通过理论分析建立系统的机理模型往往难以奏效[1]。

机理建模的优点是建立的模型有很强的理论基础，能较为准确地表达变量之间的关系，能很好地解释客观现象，不会出现违背常理的情况。缺点是建模难度大，需要全面准确的理论支撑，有时候模型的不断完善需要很长一段时间。机理模型通常又称为"白箱"模型，结构如图 4.1 所示。

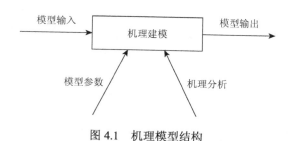

图 4.1 机理模型结构

2）数据建模

数据建模方法就是采用系统辨识技术，根据系统实际运行或实验过程中所取的输入、输出数据，利用各种辨识算法来建立系统数学模型的建模方法[1]。数据模型又称为"黑箱"模型，它是完全基于数据的模型，它是在对过程的大量观测样本数据的基础上，选定因果变量之间的关联方程，经过统计分析、数据处理或人工智能等方法，来确定方程的形式。"黑箱"不需要明确的机理进行指导，主要是在观测数据中寻找变量之间的关系。常用的"黑箱"建模方法有回归分析，包括一元和多元线性回归，以及基于主成分和偏最小二乘方法的线性和非线性回归方法等、卡尔曼滤波、人工神经网络方法等。"黑箱"建模方法的优点是避开了复杂的机理分析，模型对现有数据的拟和程度高，求解相对比较方便。缺点是模型的结构因人而异，有很大的主观性，模型的泛化能力很难保证，有时对训练样本外的数据的拟合甚至会出现违背常理的情况。一般结构如图 4.2 所示。

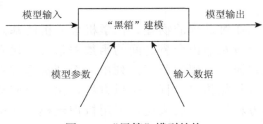

图 4.2　"黑箱"模型结构

3）混合建模

混合建模方法是将机理建模与数据建模相结合的建模方法，它既有一定的物理意义，又包含样本数据的信息，是介于"白箱"建模与"黑箱"建模的建模方法，故通常又称为"灰箱"建模，将在下面章节中详细介绍。

4.1　混合模型的结构

混合建模是将先验知识和辨识建模方法结合在一起的一种"灰箱"建模策略。由于充分利用了过程的各种先验知识，从而降低了对样本数据的要求，使模型不仅具有良好的局部逼近性能，而且还有较好的全局性能，克服了传统非线性模型，如神经网络模型和模糊系统所存在的外延性差等缺点[2]。

实际研究中的工业过程往往机理复杂，并且所建立的机理模型往往都是在一些理想假设和简化的基础上，很难得到严格意义上的机理模型，而不依赖于机理的"黑箱"模型对数据的依赖性较强，在模型训练数据之外又容易出现违背客观规律的情况，因此将机理建模与数据建模结合成为建模的理想方法。建模过程中通常会采用简化的机理模型，结合各种观测数据处理的方法，以求得既能反映过程本质又能解释过程现象的模型。因此，此种模型在工业过程的建模中比较常用。

在混合建模中根据机理模型与"黑箱"模型所起的作用与连接方式的不同，又可将混合建模方法分为并联混合建模、串联混合建模、串并联混合建模。

4.1.1 并联混合建模

任何实际系统都可以分解成可描述部分和未知部分，其中仅可描述部分能用数学-物理模型等描述，这就是前面所说的机理模型。它是建模者对实际系统所掌握知识的体现。由于在实际中，人们对实际系统的了解是不完备的，而且往往是在一些假设的条件下做了很多简化处理，都使机理模型与实际系统之间存在着建模误差。它是系统的未知部分，可以看成是外界扰动、内部扰动共同作用的结果。因此只要能估计出模型误差，并将其加到机理模型上，将使模型的精度大为提高。以机理模型为主模型，数据模型对机理模型输出的误差进行补偿，两者输出叠加后作为整个模型输出。该结构主要是提高模型的预测精度，降低对机理模型的要求，诸如理论假设、模型的不确定性可通过此方法得到一定程度补偿。神经网络辨识所具有的特征，使其适于做建模误差的估计器。基于这一思想，可得到图 4.3 的神经网络和机理模型的混合建模法[3]。

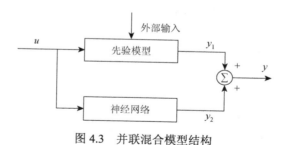

图 4.3 并联混合模型结构

并联混合模型将神经网络部分与先验模型部分相并联，神经网络模型的输出与先验模型的输出之和决定整个模型的输出。由于内部过程的复杂性或不可测量的干扰因素，使得先验模型与实际系统之间有偏差，用神经网络来弥补这个偏差。在并联结构的混合神经网络模型中，神经网络模型的训练取决于系统数据与先验模型输出的偏差，用它的输出来补偿先验模型与实际形成的偏差。混合模型的输出是先验模型与神经网络模型输出之和。

4.1.2　串联混合建模

　　在串联混合模型中，将输出模型与神经网络模型相串联，输出模型有固定结构形式，一是先验知识如已知平衡输出方程，二是用神经网络估计不可测的中间变量，结构如图 4.4 所示。在串联结构的混合神经网络模型中，整个模型的最后输出由先验模型给出，因此串联结构混合神经网络模型的主要特点是输出特性有保证，但因整个模型的最后输出与神经网络输出不是直接关系，不能使用标准神经网络的建模训练方法[4]。通过积分灵敏度方程计算混合模型输出对于神经网络权值的梯度，从而计算出误差修正信号来调节网络的权值。对于机理模型无法描述的环节，可由数据模型回归，降低建模的难度和加快建模过程，而且建模精度有所保证。前提是描述该环节的过程变量可测。

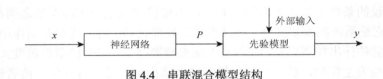

图 4.4　串联混合模型结构

4.1.3　串并联混合建模

　　串并联混合模型结构如图 4.5 所示。在串并联混合模型中，先将先验模型与神经网络模型相串联，两部分组合后再与神经网络模型并联。神经网络模型用于估计先验模型中不可测的中间变量，神经网络模型用于补偿先验模型与实际系统的偏差。这种串并联结构比串联和并联这两种结构更趋于一般化。当先验模型的参数都是已知时，不再需要神经网络模型，整个模型即为并联混合模型当神经网

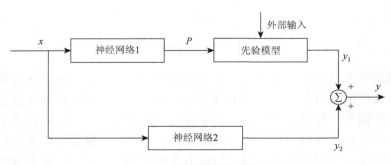

图 4.5　串并联混合模型结构

络 2 不再需要时，整个模型即为串联混合模型；当神经网络 1 和神经网络 2 都不需要时，整个模型变为纯机理模型；当先验模型无法获得时，整个模型即为"黑箱"模型。

4.2 基于多层前向神经网络的离心压缩机混合模型

正如本章开始所述，建立系统模型的方法主要有三类方法，一类是机理建模，即根据过程本身的内在机理，利用能量平衡、物质平衡、反应动力学等规律来建立系统的模型；一类是数据建模方法，即根据被控过程的输入、输出数据建立数学模型；再一类是基于机理建模与数据建模的混合建模方法。离心压缩机模型的建立也是如此。

本书第 3 章详细介绍了离心压缩机机理模型的建模过程，机理模型在离心压缩机的设计、运行优化中扮演着重要的角色。近年来，许多学者提出了离心压缩机的机理模型，用以检验离心压缩机各级之间的热传导、压力提升、级间损耗等[12-21]。然而由于离心压缩机内部复杂的流体动力以及时刻变化的压缩机转速，一些离心压缩机机理模型将会失去其模型预测的准确性，尤其是一些诸如进口套管损失、混合损失、泄漏损失等小的损耗不能被机理模型很好地描述。因此，许多学者基于离心压缩机输入输出关系，建立了替代模型来预测离心压缩机的性能[22-28]。

人工神经网络已被证实是一种拟合任意复杂工业过程的高效建模技术，它可以依据输入输出变量拟合非线性函数关系，而不需要具体的数学机理[29]。通过人工神经网络，建模者不需要知道存在过程状态之间的先验信息。文献[30-32]成功地将人工神经网络用于压缩机建模，并取得了很好的建模效果。文献[33-35]提出在过程建模中，将机理模型与人工神经网络相结合可以提供很好的模型预测精度及更快的建模速度。考虑到混合建模的优势，本节将人工神经网络与机理模型相结合，构建混合模型结构，进行离心压缩机建模。本节人工神经网络模型主要指多层前向神经网络（multi-layer feed forward，MLFF）。

4.2.1 多层前向神经网络基本原理

4.2.1.1 神经网络概述

神经网络[5,6]是由具有适应性的简单单元组成的广泛并行互连的网络，它的组织能够模拟生物神经系统对真实世界物体做出交互反应。它是在现代神经科学研究成果的基础之上提出来的，反映了人脑功能的基本特性，但神经网络并不是人脑的真实描写，而只是它的某种抽象、简化与模拟。网络的信息处理由神经元之间的相互作用来实现，知识与信息的存储表现为网络元件互连间分布式的物理联系，网络的识别和学习决定于各神经元连接权的动态演化过程。

神经网络[7, 8]是一个具有高度非线性的超大规模连续时间动力系统。其最主要特征为连续时间非线性动力学、网络的全局作用、大规模并行分布处理及高度的鲁棒性和学习联想能力。同时它又具有一般非线性动力系统的共性，即不可预测性、吸引性、耗散性、非平衡性、不可逆性、高维性、广泛连接性与自适应性。因此，神经网络实际上是一个超大规模非线性连续时间自适应信息处理系统。

1）神经网络的基本特征

（1）能以任意精度逼近任意复杂的非线性函数

根据 Kofmogrov 定理[6, 9, 10]，只要给出合适规模的网络结构和节点函数，神经网络可以通过学习样本数据逼近任意非线性函数。

（2）鲁棒性和容错性

信息在神经网络的存储是按内容分布于许多神经元中进行的，而且每个神经元存储多种信息的部分内容。网络的每部分信息对信息的存储具有等势分布，这类似于全息图的存储性质，部分的信息丢失仍可使完整的信息得到恢复，因而使网络具有容错性和联想记忆功能。也正因为如此，人脑和数字计算机相比分别表现出明显的健壮性（robustness）和脆弱性（brittleness）。

（3）学习自适应性

网络中神经元的连接具有多样性，各神经元间的连接具有可塑性，相当于能够传递信息能力的变化，从而使得网络可以通过学习训练进行组织，以便适应不同信息处理的要求。

（4）并行处理（parallel processing）

神经网络的各单元可以同时进行类似的处理过程，整个网络的信息处理方式是大规模并行的，传统的计算机则是串行的。网络的大规模并行处理能力使它能完成复杂的决策，因为单个神经元的信息处理速度是以毫秒计的，比普通的计算机要慢得多，但人通常在一秒内即可做出对外界事物的判断和决策，这正是传统的数字计算机望尘莫及的。大量神经元的集体行为并不是各神经元行为简单的相加，而是表现出一般复杂的非线性的特性（如不可预测性、不可逆性、多吸引子及可能出现的混沌现象）和作为神经网络的各种性质，因此，除了可以从脑科学、信息论、数学、物理、力学、控制论、心理学和医学的角度对神经网络进行结合交叉研究外，用以研究复杂系统宏观性质的系统论、协同论和混沌理论都可用来研究神经网络。

2）人工神经网络

人工神经网络，是在物理机制上模拟人脑信息处理机制的信息系统，它不但具有处理数值数据的一般计算能力，而且还具有处理知识的思维、学习、记忆能力。人工神经元是人工神经网络中的基本处理单元，它是一个近似模拟生物神经元的数学模型，通过与其相连的其他神经元接收信息。人工神经网络就是由许多简单的神经元组成的广泛并行处理互连的网络，它能够模拟生物神经系统对真实世界物体做出的交互反应[11]。

人工神经网络是实现神经网络思维和学习的物质基础，它的学习过程是通过不断调整网络的连接权值来实现的。根据学习算法所采用的学习规则，可以分为Hebb 型学习、误差修正型学习、竞争型学习和随机型学习。

（1）Hebb 型学习[5, 6]

Hebb 型学习（Hebbian learning）的出发点是 Hebb 学习规则，即如果人工神经网络中某一神经元同另一直接与它连接的神经元同时处于兴奋状态，那么这两个神经元之间的连接将得到加强。Hebb 学习方式可用如下公式表示：

$$w_{ij}(t+1) = w_{ij}(t) + \eta[x_i(t) + x_j(t)] \tag{4.1}$$

式中，$w_{ij}(t)$ 为 t 时刻的权重；$w_{ij}(t+1)$ 为对时刻 t 的权重修正一次后新的权重；η 为一个 4 常量，称为学习率因子；$x_i(t)$、$x_j(t)$ 分别为时刻 t 第 i 个和第 j 个神经元状态。

Hebb 学习规则在人工神经网络学习中的影响比较大，已成为许多人工神经网络学习的基础。但是目前许多神经生物学的研究表明，Hebb 规则并未准确地反映出生物学习过程中突触变化的基本规律。它只是简单地将突触在学习中的联想特性形式化，认为对神经元重复同一刺激就可以产生性质相同、程度增强的反应。而目前的神经生理学研究结果，不但没有得到 Hebb 突触特性的直接证据，相反，一些研究却表明，同一刺激模式的重复和神经元的兴奋并不存在必然的联系。例如，有时同一刺激模式对生物机体的重复作用有可能造成机体的习惯化或敏感化，其中，习惯化将减弱机体对刺激的反应，这与 Hebb 学习规则的含义正好相反。它说明 Hebb 学习规则不能作为生物神经元突出变化和生物机体学习的普遍规律。因此，以 Hebb 学习规则为基础的人工神经网络模型当然也会不可避免地存在一些局限性。

（2）误差修正型学习

误差修正型学习（error-correction learning）是一种有导师的学习过程，其基本思想是利用神经网络的期望输出与实际输出之间的偏差作为连接权值调整的参考，并最终减少这种偏差，满足误差要求。最基本的误差修正规则规定：连接权值的变化与神经元期望输出和实际输出之差成正比。则该规则的连接权的计算公式为

$$w_{ij}(t+1) = w_{ij}(t) + \eta[d_j(t) - y_j(t)]y_i(t) \tag{4.2}$$

式中，$w_{ij}(t)$ 为 t 时刻的权重；$w_{ij}(t+1)$ 为对时刻 t 的权重修正一次后新的权重；η 为一个正常量，称为学习率因子；$d_j(t)$ 为时刻 t 神经元 j 的期望输出；$y_i(t)$ 为与神经元 j 直接连接的另一个神经元 i 在 t 时刻的实际输出；$d_j(t) - y_j(t)$ 为时刻 t 神经元 j 的输出误差。

误差修正型学习的学习过程可由以下 4 步来实现。

①选择一组初始权值 $w_{ij}(0)$。

②计算某一输入模式对应的实际输出与期望输出的误差。

③按照上述规则修正规则更新权值。

④返回第②步，直到对所有的训练模式其网络输出均能满足要求为止。

上述简单形式的误差修正规则只能解决线性可分模式的分类问题，不能直接用于多层网络。为了克服这种缺陷，又出现了 LMS（least mean square）算法，也称为 Widrow-Hoff 规则或者 δ 规则。该规则可表示为

$$w_{ij}(t+1) = w_{ij}(t) + \eta y_i(t) \sum_{j=1}^{n} [d_j(t) - y_j(t)]^2 \tag{4.3}$$

式中，n 为输出神经元的数目。

LMS 算法的出发点在于使网络的输出均方差最小化，它可用于神经元输入输出函数为可微函数的感知机型网络学习。该算法推广到由非线性可微神经元组成的多层前馈神经网络，就形成了误差反传（EBP）学习算法。

（3）竞争型学习

竞争型学习（competitive learning）指网络中某一组神经元相互竞争对外界刺激模式响应的权力，在竞争中获胜的神经元，其连接权会向着对这一刺激模式更为有利的方向发展。相对来说，竞争获胜的神经元抑制了竞争失败神经元对刺激模式的响应。

竞争型学习的最简单形式是任一时刻都只允许有一个神经元被激活，其学习过程可描述为：

①将一个输入模式送给输入层 LA。

②将 LA 层神经元的激活值送到下一层 LB。

③LB 层神经元对 LA 层神经元送来的刺激模式进行竞争，即每一个神经元将一个正信号送给自己（自兴奋反馈），同时将一个负信号送给该层其他神经元（横向邻域抑制）。

④最后 LB 层中输出值最大的神经元被激活，其他神经元不被激活，被激活的神经元就是竞争获胜者。LA 层神经元到竞争获胜神经元的连接权将发生变化，而

LA 层神经元到竞争失败神经元的连接权则不发生变化。竞争型学习是一种典型的无导师学习，学习时只需要给定一个输入模式集作为训练集，网络会自行组织输入模式，并将其分为不同类型。

（4）随机型学习

随机型学习（stochastic learning）的基本思想是结合随机过程、概率和能量函数等概念来调整网络的变量，从而使网络的目标函数达到最大（或最小）。网络的变量可以是连接权，也可以是神经元的状态。在随机型学习过程中，网络变量随机变化，然后根据这种变化来确定网络的能量函数。能量函数可定义为网络输出的均方误差，在这种情况下，随机型学习实际上是寻找使网络输出均方误差最小的连接权的过程。

随机型学习中网络变量的变化通常遵循以下规则。

①如果网络变量的变化能使能量函数有更低的值，那么就接受这种变化。

②如果网络变量变化后能量函数没有更低的值，那么就根据一个预先选取的概率分布接受这一变化。

随机型学习不仅接受能量函数减少（性能改善）的变化，而且还能以某种概率分布接受使能量函数增大（性能变差）的变化。对后一种变化，实际上是给网络变量引入了噪声，使网络有可能跳出能量函数的局部极小点，向全局极小点方向发展。

3）人工神经网络的分类

按连接方式可分为前馈型或称前向型与反馈型。前馈神经网络每一层中的神经元只接受来自前一层神经元的信号，因此信号的传播是单方向的。典型的前馈型神经网络有 BP 神经网络、RBF 神经网络；在反馈型网络中，任意两个神经元之间都可能有连接，因此输入信号要在网络中往返传递。典型的反馈性网络有ELMAN 和 Hopfield 的网络阵[11]。

按学习方式可分为有导师学习（也称监督学习，如网络）、网络无导师学习（也称无监督学习，或称自组织，如网络）和再励学习（也称强化学习）三种。

按性能可分为连续型与离散型；确定型与随机型；静态网络与动态网络。

人工神经网络模型目前已有数十种，它们是从各个角度对生物神经系统不同层次的描述和模拟。代表性的网络模型有感知器、多层映射网络、GMDH 神经网络、RBF 神经网络、双向联想记忆（BAM）、盒中脑（BSB）、Hopfield 模型、Boltzmann 机、自适应共振理论（ART）、CPN 模型等。运用这些网络模型可实现函数近似数据聚集、模式分类、优化计算、概率密度函数估计等功能，因此人工神经网络广泛用于人工智能自动控制、机器人、统计学等领域的信息处理中。

4.2.1.2　单层前向神经网络

神经元是神经网络进行信息处理的基础。图 4.6 是具有 r 个输入分量的神经元模型，它是一个多输入、单输出的非线性元件，除受输入信号的影响外，同时也受额外输入信号的影响，这个额外的输入信号称为偏差，或门限值或阈值。

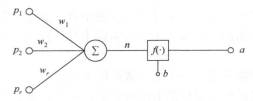

图 4.6　单个神经元模型

$p_j(j=1,2,\cdots,r)$ 与它相乘的权值分量 $w_j(j=1,2,\cdots,r)$ 相连，用 $\sum\limits_{j=1}^{r}w_jp_j$ 求和，形成激活函数 $f(\cdot)$ 的输入，另外一个输入是神经元的偏差 b。

权值 w_j 和输入 p_j 的矩阵可用矢量表示为

$$\boldsymbol{W}=[w_1,w_2,\cdots,w_r]\,,\quad \boldsymbol{P}=[p_1,p_2,\cdots,p_r]^{\mathrm{T}}\tag{4.4}$$

输出矢量表示为

$$\boldsymbol{A}=f(\boldsymbol{W}\times\boldsymbol{P}+b)=f\left(\sum_{j=1}^{r}w_jp_j+b\right)\tag{4.5}$$

激活函数是构建人工神经网络的关键，神经元的激活函数可为任意单调非减函数。常用的有三种：硬限幅函数、分段线性函数和 Sigmoid 函数。图 4.7 给出了 Sigmoid 函数的图形。

（1）硬限幅函数，又被称为 Heaviside 函数：

$$f(v)=\begin{cases}1,&v>0\\0,&v=0\\-1,&v<0\end{cases}\tag{4.6}$$

（2）分段线性函数，非线性放大器的一种近似：

$$f(v)=\begin{cases}1,&v\geqslant 1\\v,&-1<v<1\\-1,&v\leqslant -1\end{cases}\tag{4.7}$$

（3）Sigmoid 函数，呈 S 形，是最常用的活动函数形式。典型的函数有 Logistic 函数 $f_1(v)$ 和双曲正切函数 $f_2(v)$，这两个函数的取值范围不同：

$$f_1(v) = \frac{1}{1 + \mathrm{e}^{-av}} \tag{4.8}$$

$$f_2(v) = \tan(av) = \frac{1 - \mathrm{e}^{-av}}{1 + \mathrm{e}^{av}} \tag{4.9}$$

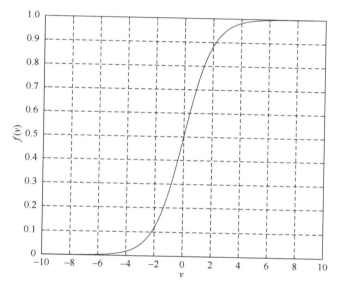

图 4.7　Sigmoid 函数的图形

单层神经元网络只有一个输入层和一个输出层，输入层中的每一个元素表示轴突，而输出层中的每一个元素代表一个神经元的内核，如图 4.8 所示。

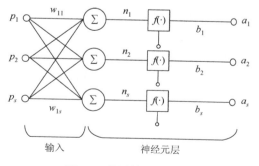

图 4.8　单层神经元网络

输入矢量 P 的元素 $p_j(j=1,2,\cdots,r)$ 通过矩阵 W 与每一个输出神经元相连；每一个神经元通过求和符号，输入矢量进行加权求和后，形成激活函数的输入矢量，经激活函数的作用之后最终得到输出矢量 $A_{s\times 1}=F(W_{s\times r}\times P_{r\times 1}+B_{s\times 1})$。

网络权矩阵：

$$W_{s\times r}=\begin{bmatrix} w_{11} & w_{12} & \cdots & w_{1r} \\ w_{21} & w_{22} & \cdots & w_{2r} \\ \vdots & \vdots & & \vdots \\ w_{s1} & w_{s2} & \cdots & w_{sr} \end{bmatrix} \tag{4.10}$$

权矩阵 W 的列表示输入矢量的位数，行表示神经元的位数。当网络的输入有 q 组 r 个元素时，输入矢量为

$$P_{r\times q}=\begin{bmatrix} p_{11} & p_{12} & \cdots & p_{1q} \\ p_{21} & p_{22} & \cdots & p_{2q} \\ \vdots & \vdots & & \vdots \\ p_{r1} & p_{r2} & \cdots & p_{rq} \end{bmatrix} \tag{4.11}$$

输出矢量为

$$A_{s\times q}=\begin{bmatrix} a_{11} & a_{12} & \cdots & a_{1q} \\ a_{21} & a_{22} & \cdots & a_{2q} \\ \vdots & \vdots & & \vdots \\ a_{s1} & a_{s2} & \cdots & a_{sq} \end{bmatrix} \tag{4.12}$$

4.2.1.3　多层前向神经网络

到目前为止，神经网络的模型有上百种，常用的也有几十种。多层前向神经网络是目前应用最成功和最广泛的一种网络模型[36, 37]。多层神经网络是由多个单层神经网络级连起来组成的，一般由输入层、输出层和至少一个隐含层组成，各层均有一个或多个神经元，相邻两层间神经元通过可调权值连接，但同层神经元不互相连接，整个网络不存在反馈。信息由输入层依次经隐含层向输出层传递。这种网络结构具有很好的非线性映射能力，已经在模式识别和函数逼近等领域取得了很好的效果。图 4.9 为多层前向神经网络结构示意图。本章研究的重点就为这种网络结构。

4.2.2　混合模型的实现

对于离心压缩机而言，由于理论假设的存在和模型重要参数，如冲击损失系

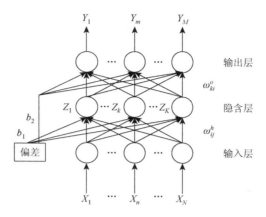

图 4.9 多层前向神经网络结构示意图

数、滑差系数等难以准确获得，机理模型与实际对象之间有时会存在较大的偏差。为了获得更为精确的离心压缩机模型，克服建模过程中不确定因素的影响，本节将离心压缩机机理模型与神经网络模型有效结合，建立离心压缩机混合模型。其中，所建立的神经网络模型的主要目的是弥补机理模型产生的偏差。本节主要介绍离心压缩机混合模型中加法混合模型与乘法混合模型的实现，即并联建模与串联建模的实现。

由 4.1.1 节并联混合模型的结构可知[38]，离心压缩机加法混合模型一般结构如图 4.10 所示，图中 X 表示离心压缩机的输入变量，包括初级入口温度、压力、质量流量以及压缩机的工作转速；Y 表示混合模型的输出，即多级离心压缩机总压比 ε 和总效率 η 的预测值。根据并联混合建模理论，混合模型的输出 Y 混合可以表示为下式：

$$Y = Y_{\text{mech}} + Y_{\text{ANN}} \tag{4.13}$$

式中，Y_{mech} 为离心压缩机机理模型输出；Y_{ANN} 为离心压缩机人工神经网络模型输出。

将图 4.10 所示的离心压缩机加法混合模型一般结构与生产实际相结合，可以得到如图 4.11 所示的离心压缩机加法混合模型建模过程[29-35]。

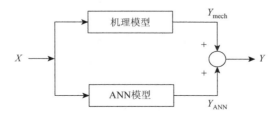

图 4.10 离心压缩机加法混合模型一般结构

图 4.11 中 X 为离心压缩机输入变量，Y 为离心压缩机的实际输出，Y_{mech} 与 Y_{ANN} 分别表示将输入变量 X 作用于机理模型与 ANN 模型得到输出。$Y_{混合}$ 为混合模型输出，$\Delta Y = Y - Y_{混合}$ 表示实际输出与混合模型输出之间的偏差。在建模过程中，首先将输入变量 X 分别作用于实际离心压缩机、混合模型，得到 Y 与 $Y_{混合}$，然后计算 ΔY，并将 ΔY 与 X 共同作为 ANN 模型的输入，对 ANN 模型进行训练，以此进一步减小机理建模产生的偏差，提高混合模型的建模精度。最终训练完成的 ANN 模型的输出与机理模型的输出共同决定整个混合模型输出。

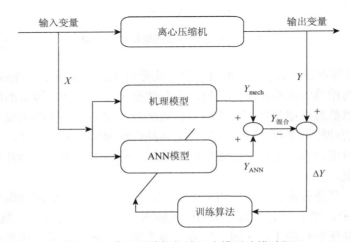

图 4.11　离心压缩机加法混合模型建模过程

在建模过程中，合适 ANN 模型的结构至关重要。模型结构过于简单，则建模精度不高；模型结构过于复杂，则建模成本增加，建模效率降低。本节 ANN 模型结构需满足输出值的均方误差（MSE）最小，结合模型输出结果，本节选择包含一个隐含层的三层前向神经网络结构作为 ANN 模型的结构，采用具有早期停止机制的 Levenberg-Marquardt 反向传播算法来训练三层前馈 ANN 模型[30]，隐含层的激活函数采用双曲正切函数（式（4.9）），如图 4.7 所示。与此同时，为了优化 ANN 模型的结构，在 ANN 模型的训练过程中不断调整隐含层神经元的个数，修正更新各个神经元之间的权重，以此获得最小的 MSE 以及最优的 ANN 模型的结构。其中，$MSE < 10^{-4}$ 作为 ANN 模型训练的停止条件，当 $MSE < 10^{-4}$ 时，ANN 模型满足要求，可以用于混合建模，反之，则需继续增加训练数据，直到 $MSE < 10^{-4}$ 为止。

类似地，根据串联混合建模的理论，离心压缩机乘法混合模型构建也可遵循上文所述，此处不再赘述[22]。

4.3 应用研究

　　某钢厂采用离心压缩机对炼钢/铁过程的富余煤气进行压缩，并送往后续的燃气-蒸汽联合循环发电机组进行燃烧发电，如图 4.12 所示[24]。其中离心压缩机采取 3 级压缩的方式。发电机组由燃气轮机（包括空气压缩机、燃烧室和涡轮机）、燃料系统（包括气体压缩机、冷凝器、洗涤器和三个阀）和发电机组成。如图 4.12 所示，来自气体保持器的气体流过洗涤器并被三级离心式气体压缩机压缩。所得的高压气体被分为两个部分，一部分被注入燃烧室，以便燃烧；另一部分由冷凝器冷却并流回到洗涤器，用于离心式气体压缩机的防喘振控制。燃烧室所需的空气由空气压缩机提供。空气压缩机和气体压缩机都是由涡轮机驱动的。值得注意的是，气体压缩机通过三速齿轮箱连接到涡轮机。利用 MATLAB 构建上述混合模型。压缩机的几何参数由厂方提供的设计图纸估算获得；煤气的热力性质由离线采集分析结果获取。为了验证上述混合建模理论的有效性，本节将两种混合模型的预测效果分别与人工神经网络模型、机理模型的效果进行对比。所有算法在 MATLAB 7.6 中实现，反向传播算法由神经网络工具箱求解[39]。

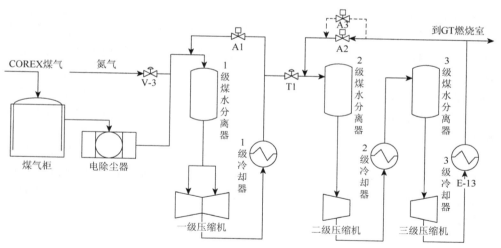

图 4.12　燃气-蒸汽联合循环发电机组

4.3.1　数据准备

　　由于生产条件的限制，我们很难从运行着的离心压缩机中获得能够覆盖整个变量区间的数据集。为了解决这个问题，本节采用仿真模拟研究来生成用于评估混合模型性能的压缩机数据集，即利用第 3 章所建立的离心压缩机的机理模型（式（3.67）～式（3.69））模拟实际生产中的离心压缩机以此获得能够覆盖整个变量区间的数据集。由于机理模型同样被应用于混合建模的机理部分，因此需要调整机理模型中相关参数来获得两种不同的机理模型（模型 A 与模型 B）分别对应于两种不同的应用，并以此来验证混合模型的合理性。也就是说，ANN 模型可以估计机理模型中未建模的部分，弥补机理模型的不足，提高整体的建模精度。表 4.1 与表 4.2 列出了模型 A 与模型 B 之间参数的差异。其中，模型 A 用于构建混合模型，模型 B 用于生成训练 ANN 模型的数据集并验证混合模型。为了生成数据集，离心压缩机的主要操作变量，即入口压力、入口温度、流量和速度的区间范围分别为 106～146kPa、273.15～323.15K、4～97kg/s 和 4000～5500r/min，相应的压比和效率的值被记录为输出。我们共产生 130 个数据点。此外，为了模拟实际操作和测量环境，分别对压比和效率增加噪声（5%）[1, 40]。

为了进一步评估混合模型在离心压缩机性能建模中的能力，我们同样采集了真实工况下离心压缩机的运行数据。如图 4.12 所示，为了测量离心压缩机的稳态性能，发电机组配备了多个温度探头和压力传感器来获取离心压缩机出、入口的压力与温度。此外，压缩机质量流量可以从安装在靠近压缩机出口位置的质量流量传感器确定，而压缩机转速由转速计测量。所有测量数据都存储在分布式控制系统（DCS）的存储区域。我们从 DCS 中获取了 66 个离心压缩机历史数据样本。与仿真实验相同，离心压缩机输入参数为进气口温度和压力（T_{gi}，P_{gi}）、质量流量（m_g）和转速（N_g）。与仿真实验输入变量区间范围不同，历史数据输入变量变化范围较窄，分别为 273K$<T_{gi}<$318K、106kPa$<P_{gi}<$110kPa、37kg/s$<m_g<$51kg/s。当压缩机达到稳态时，其转速保持不变，为 N_g = 5302r/min。由于历史数据包含大量反映真实压缩机特性的信息，因此采集的历史数据同样可以用于验证离心压缩机混合模型的有效性[31]。

为了优化 ANN 模型的设计，每个数据集的数据分为 3 个不同的组，即训练数据、测试数据和验证数据。其中，训练数据用于训练神经网络以获得网络的权重，测试数据用于确定何时停止训练，验证数据用于验证混合模型的性能。

表 4.1　模型 A 离心压缩机机理模型参数

参数名称	参数值		
	第一级	第二级	第三级
滑移系数 σ	0.9	0.9	0.9
叶轮叶片安装角 β_{1b}/(°)	33	33.5	32
叶轮入口平均直径 D_1/m	0.5883	0.5803	0.5767

续表

参数名称	参数值		
	第一级	第二级	第三级
叶轮出口平均直径 D_2/m	1.080	1.080	1.080
叶轮流道长度 l_i/m	0.4250	0.4040	0.3720
扩压器流道长度 l_d/m	1.0310	0.9860	0.4170
叶轮平均水力通道直径 D_i/m	0.1158	0.1006	0.0904
扩压器平均水力通道直径 D_d/m	0.0822	0.0677	0.0874
气体平均分子量	27.68	27.68	27.68
比热容比	1.36	1.36	1.36
比热容/[J/(kg·K)]	1118.50	1118.50	1118.50
冲击损失系数	1.0	1.0	1.0
叶轮参考面积 A/m²	0.3262	0.3041	0.3004
损失之和	0.0	0.0	0.0

表 4.2 模型 B 离心压缩机机理模型参数

参数名称	参数值		
	第一级	第二级	第三级
滑移系数 σ	0.9	0.9	0.9
叶轮叶片安装角 β_{1b}/(°)	33	33.5	32
叶轮入口平均直径 D_1/m	0.5883	0.5803	0.5767
叶轮出口平均直径 D_2/m	1.080	1.080	1.080
叶轮流道长度 l_i/m	0.4250	0.4040	0.3720
扩压器流道长度 l_d/m	1.0310	0.9860	0.4170
叶轮平均水力通道直径 D_i/m	0.1158	0.1006	0.0904
扩压器平均水力通道直径 D_d/m	0.0822	0.0677	0.0874
气体平均分子量	27.68	27.68	27.68
比热容比	1.36	1.36	1.36
比热容/[J/(kg·K)]	1118.50	1118.50	1118.50
冲击损失系数	1.1	1.0	1.1
叶轮参考面积 A/m²	0.2719	0.2645	0.2612
损失之和	0.06	0.06	0.06

4.3.2 模型验证

根据 4.2 节建立的模型，结合准备的实验数据，本节将两种混合模型的预测效果分别与人工神经网络模型和机理模型的效果进行对比。

　　通过仿真实验的验证数据，图 4.13 和图 4.14 分别将离心压缩机纯 ANN 模型性能与加法混合模型和乘法混合模型的性能进行了比较。图中的每个数据点都表示对应于验证数据集中的某一组输入变量，纯 ANN 模型与混合模型的输出。与此同时，图中还绘制了验证数据（机理模型 A 和机理模型 B 的输出）。数据点根据机理模型 A 的压比输出的大小排列。从图 4.13 和图 4.14 中可以看出，由于引入了表 4.1 与表 4.2 的差异，机理模型 A 和机理模型 B 的压比和效率输出之间存在明显的偏差。还可以看出，纯 ANN 模型组件可以很好地改善加法混合模型和乘法混合模型的性能。此外，纯 ANN 模型的结果与验证数据也很一致。

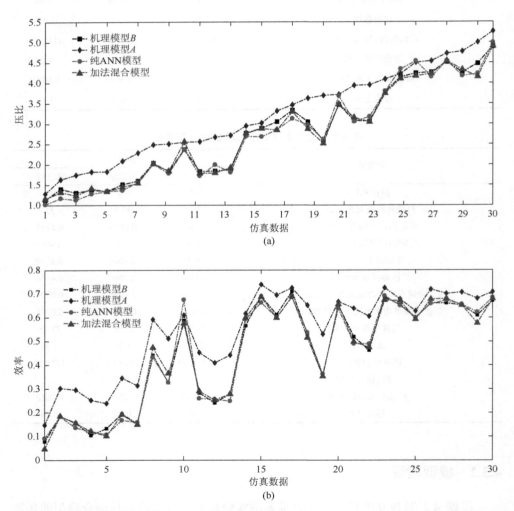

图 4.13　仿真实验中加法混合模型和纯 ANN 模型的压比（a）和效率（b）预测结果对比

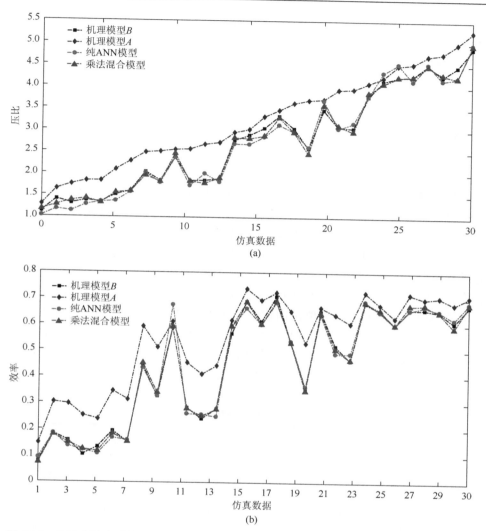

图 4.14 仿真实验中乘法混合模型和纯 ANN 模型的压比（a）和效率（b）预测结果对比

表 4.3 给出了仿真实验中各个模型所对应的预测误差，即平均相对误差（MRE）与均方误差（MSE）。从表中可以看出，不论是压比 ε 还是效率 η 加法混合模型的预测效果都明显好于机理模型与纯 ANN 模型的预测效果。与此同时，乘法混合模型表现出了与加法混合模型相类似的预测效果。不论采用何种混合模型的结构（加法或乘法），混合模型的预测效果都优于纯 ANN 模型。究其原因是由于在混合模型中，机理模型构建一部分离心压缩机的模型，而对于机理模型无法准确建模的部分，纯 ANN 模型部分及时弥补了这一部分，混合模型集成了机理建模与数据建模的优势，因而具有很好的预测效果。

表 4.3　仿真数据样本下各模型预测误差对比

模型名称	压比		效率	
	MRE/%	MSE/($\times 10^{-3}$)	MRE/%	MSE/($\times 10^{-3}$)
机理模型 A	20.6	279.2066	38.08	12.3654
纯 ANN 模型	4.78	19.8246	5.52	0.5429
加法混合模型	2.48	9.0060	5.16	0.3349
乘法混合模型	2.6	7.1000	3.01	0.1227

　　图 4.15 与图 4.16 给出了在使用离心压缩机实际运行数据样本建模时,纯机理模型、纯 ANN 模型、加法混合模型、乘法混合模型的预测结果。从图中可以看出,无论是压比还是效率,纯 ANN 模型、加法混合模型和乘法混合模型的预测结果都明显好于纯机理模型的预测效果。当前,对于纯机理建模,当运行工况或者压缩机类型(尺寸、型号)改变时,相对应的机理模型的参数(如滑移系数 σ、减震系数 ζ 等,见表 4.4)必须被调整,以适应新的运行工况或者新的压缩机类型。本案例中参数值是由遗传算法辨识的(如第 3 章 3.3 节所述,此处不再赘述)。即使如此,机理模型仍有可能产生不准确的预测结果,这是由于压缩机内部空气动力的不确定性,很难通过机理建立模型。因而,在没有新一轮参数调整的情况下,机理模型通常不能提供良好的预测效果。

表 4.4　离心压缩机机理模型参数

参数名称	参数值		
	第一级	第二级	第三级
滑移系数 σ	0.5870	0.6400	0.5908
叶轮叶片安装角 β_{1b}/(°)	33	33.5	32
叶轮入口平均直径 D_1/m	0.5883	0.5803	0.5767
叶轮出口平均直径 D_2/m	1.080	1.080	1.080
叶轮流道长度 l_i/m	0.4250	0.4040	0.3720
扩压器流道长度 l_d/m	1.0310	0.9860	0.4170
叶轮平均水力通道直径 D_i/m	0.1158	0.1006	0.0904
扩压器平均水力通道直径 D_d/m	0.0822	0.0677	0.0874
气体平均分子量	27.68	27.68	27.68
比热容比	1.36	1.36	1.36
比热容/[J/(kg·K)]	1118.50	1118.50	1118.50
冲击损失系数	1.0158	1.3907	1.1832
叶轮参考面积 A/m²	0.2717	0.2643	0.2612
损失之和	0.055	0.055	0.055

表 4.5 总结了在使用实际运行数据样本时，四种模型的预测误差结果。我们可以看到，当压缩机实际运行数据集中在一个小范围内时，纯机理模型的预测精度可适用于工业应用，纯 ANN 模型可以进一步提高模型的预测精度，同时，混合模型（加法和乘法）显示出了比纯 ANN 模型更好的预测性能，在前面的仿真实验中我们给出了混合模型性能改进的原因。在这两种情况下，数据足以完成对纯 ANN 模型的训练，使其达到很好的预测精度。然而，当数据不足，无法完成对纯 ANN 模型的训练时，我们有理由相信，混合模型的预测效果将会明显好于纯 ANN 模型的预测效果。

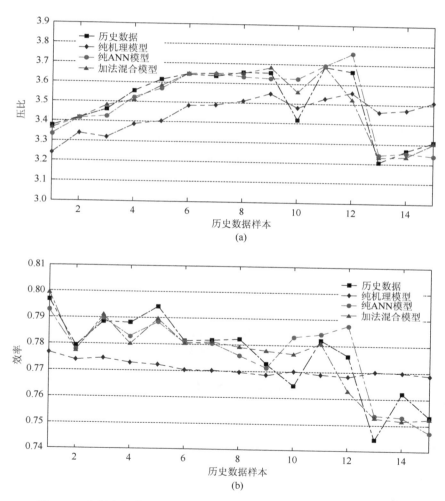

图 4.15　实际案例中加法混合模型、纯机理模型和纯 ANN 模型的压比
（a）和效率（b）预测结果对比

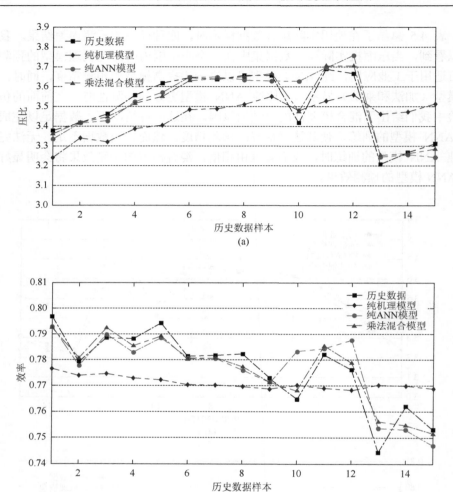

图 4.16　实际案例中乘法混合模型、纯机理模型和纯 ANN 模型的压比
（a）和效率（b）预测结果对比

表 4.5　实际运行数据样本下各模型预测误差对比

模型名称	压比		效率	
	MRE/%	MSE/($\times 10^{-3}$)	MRE/%	MSE/($\times 10^{-3}$)
机理模型 A	4.38	25.70	1.65	0.2
纯 ANN 模型	1.25	4.5	0.73	0.0533
加法混合模型	0.95	3.1	0.65	0.0423
乘法混合模型	0.7	1.0	0.48	0.0212

参 考 文 献

[1]　王俊国. 基于神经网络的建模方法与控制策略研究[D]. 武汉：华中科技大学，2004.

[2]　王寅. 化工过程混合建模问题研究[D]. 杭州：浙江大学，2001.

[3]　李健. 精馏塔机理——神经网络混合建模的研究[D]. 南宁：广西大学，2007.

[4]　隋青美，王正欣. 发酵过程混合神经网络建模方法比较[J]. 山东大学学报（工学版），2001，31（3）：214-221.

[5]　陈世福. 人工智能与知识工程[M]. 南京：南京大学出版社，1997.

[6]　焦李成. 神经网络系统理论[M]. 西安：西安电子科技大学出版社，1990.

[7]　焦李成，刘芳. 神经网络研究的进展和展望[J]. 电子学报，1990（1）：109-113.

[8]　孙增圻，张再兴，邓志东. 智能控制理论与技术[M]. 北京：清华大学出版社，1997.

[9]　韦岗，贺前华，欧阳景正. 关于多层感知器的函数逼近能力[J]. 信息与控制，1996，25（6）：321-324.

[10]　赵振宇，徐用懋. 模糊理论和神经网络的基础与应用[M]. 北京：清华大学出版社，1996.

[11]　曹海云. 基于神经网络的倒立摆控制系统数值模拟[D]. 大连：大连理工大学，2007.

[12]　Wei J，Khan J，Dougal R A. Dynamic centrifugal compressor model for system simulation[J]. Journal of Power Sources，2006，158（2）：1333-1343.

[13]　Whitfield A，Wallace F J. Study of incidence loss models in radial and mixed-flow turbomachinery[C]//Conference on Heat and Fluid Flow in Steam and Gas Turbine Plant，Coventry，England，1973：122-128.

[14]　Denton J. Loss mechanisms in turbomachines[J]. Journal of Turbomachinery，1993，115（4）：621-656.

[15]　Lakshminarayana B. Fluid Dynamics and Heat Transfer of Turbomachinery[M]. New Jersey：John Wiley & Sons，1995.

[16]　Gravdahl J T，Willems F，Jager B D，et al. Modeling for surge control of centrifugal compressors：Comparison with experiment[C]//39th IEEE Conference on Decision and Control，Sydney，NSW，Australia，2000. IEEE，2000，2：1341-1346.

[17]　Gravdahl J T，Egeland O. Centrifugal compressor surge and speed control[J]. IEEE Transactions on Control Systems Technology，1999，7（5）：567-579.

[18]　Fink D A，Cumpsty N A，Greitzer E M. Surge dynamics in a free-spool centrifugal compressor system[J]. Journal of Turbomachinery，1992，114（2）：321-332.

[19]　Chu F，Wang F，Wang X，et al. Performance modeling of centrifugal compressor using kernel partial least squares[J]. Applied Thermal Engineering，2012，44（44）：90-99.

[20]　Helvoirt J V，Jager B D. Dynamic model including piping acoustics of a centrifugal compression system[J]. Journal of Sound & Vibration，2007，302（1-2）：361-378.

[21]　Galindo J，Serrano J R，Climent H，et al. Experiments and modelling of surge in small centrifugal compressor for automotive engines[J]. Experimental Thermal & Fluid Science，2008，32（3）：818-826.

[22]　褚菲，王福利，王小刚，等. 基于径向基函数神经网络的多级离心压缩机混合模型[J]. 控制理论与应用，2012，29（9）：1205-1210.

[23]　褚菲，董世建，王福利，等. 基于 GRBF 神经网络的多级煤气压缩系统建模[J]. 东北大学学报：自然科学版，2012，33（7）：913-916.

[24]　Chu F，Wang F L，Wang X G，et al. A model for parameter estimation of multistage centrifugal compressor and compressor performance analysis using genetic algorithm[J]. 中国科学 E 辑：技术科学，2012，55（11）：3163-3175.

[25]　Ghorbanian K，Gholamrezaei M. Axial compressor performance map prediction using artificial neural network[C]//ASME Turbo Expo 2007：Power for Land，Sea，and Air，2007：1199-1208.

[26]　褚菲，王福利，王小刚. 大型离心压缩机性能预测的混合建模方法研究[J]. 仪器仪表学报，2011，32（12）：2821-2826.

[27]　Ghorbanian K，Gholamrezaei M. An artificial neural network approach to compressor performance prediction[J]. Applied Energy，2009，86（7-8）：1210-1221.

[28]　Zhao L X，Shao L L，Zhang C L. Steady-state hybrid modeling of economized screw water chillers using polynomial neural network compressor model[J]. International Journal of Refrigeration，2010，33（4）：729-738.

[29]　Thompson M L，Kramer M A. Modeling chemical processes using prior knowledge and neural networks[J]. Aiche Journal，1994，40（8）：1328-1340.

[30]　Psichogios D C，Ungar L H. Direct and indirect model based control using artificial neural networks[J]. Ind. Eng. Chem. Res.，1991，30（12）：2564-2573.

[31]　Chu F，Wang F，Wang X，et al. A hybrid artificial neural network-mechanistic model for centrifugal compressor[J]. Neural Computing & Applications，2014，24（6）：1259-1268.

[32]　Bao C，Ouyang M，Yi B L. Modeling and optimization of the air system in polymer exchange membrane fuel cell systems[J]. Journal of Power Sources，2006，156（2）：232-243.

[33]　Ng C W，Hussain M A. Hybrid neural network—Prior knowledge model in temperature control of a semi-batch polymerization process[J]. Chemical Engineering & Processing Process Intensification，2004，43（4）：559-570.

[34]　Zahedi G，Elkamel A，Lohi A，et al. Hybrid artificial neural network—First principle model formulation for the unsteady state simulation and analysis of a packed bed reactor for CO_2，hydrogenation to methanol[J]. Chemical Engineering Journal，2005，115（1）：113-120.

[35]　Chaichana K，Patcharavorachot Y，Chutichai B，et al. Neural network hybrid model of a direct internal reforming solid oxide fuel cell[J]. International Journal of Hydrogen Energy，2012，37（3）：2498-2508.

[36]　Rumelhart D E，Mcclelland J L，Group T P. Parallel distributed processing：Explorations in the microstructure of cognition foundations[J]. Language，1986，63（4）.

[37]　Hagan M T，Beale M，Beale M. Neural Network Design[M]. Beijing：China Machine Press，2002.

[38]　Song T W，Kim T S，Kim J H，et al. Performance prediction of axial flow compressors using stage characteristics and simultaneous calculation of interstage parameters[J]. Proceedings of the Institution of Mechanical Engineers Part A Journal of Power & Energy，2001，215（1）：89-98.

[39]　Demuth H B，Baele M. Neural network toolbox user's guide[J]. Ver. the Math Works Inc. Apple Hill Drive，2003，21（15）：1225-1233.

[40]　Ou S，Achenie L E K. A hybrid neural network model for PEM fuel cells[J]. Journal of Power Sources，2005，140（2）：319-330.

5 基于多元统计回归技术的离心压缩机建模

　　大型多级离心压缩机作为燃气-蒸汽联合循环发电机组（combined cycle power plat，CCPP）煤气系统压力提升部分的核心装置，其流道内部的气体流动情况非常复杂，是多影响因素、多输出、强非线性、强耦合的复杂系统[1-3]。第3章从多级离心压缩机的机理知识出发，利用能量守恒关系，在压缩机各级气流损失计算和等熵效率定义的基础上，建立了多级离心压缩机的机理模型。基于该模型，可以预测多级离心压缩机在设计工况和非设计工况下的性能，还可以分析转速、几何尺寸等参数变化对压缩机性能的影响。

　　但是机理模型在深刻刻画离心压缩机的特性时，有着先天的不足，例如，机理模型在建立过程中存在很多的理论假设和简化；并不是所有的气体流动都能给出解析解；模型参数存在不确定性；很难考虑各影响因素之间、各部件之间的耦合关系。此外，气体在离心压缩机内部的流动是三元流动，但是三元流动的计算过于烦琐且大量的参数不可知[4]，所以建立机理模型时采用的是一元流动方法。这也就导致了机理模型中存在一些未建模的部分，使得机理模型与实际对象之间存在较大差距。

　　为了克服多级离心压缩机机理模型存在的问题，本节采用数据建模的方法，利用生产过程中产生的丰富采集数据，从中提取有用信息，构建输入变量与输出变量之间的数学关系，用来描述大型离心压缩机的性能。数据模型充分发挥了机理模型可以直观反映离心压缩机机理知识和数据模型建模速度快、预测精度高的优势，加快了离心压缩机的建模过程。统计回归方法是预测控制最常用的数据驱动建模方法之一，它包括多元回归（MLR）、主元回归（PCR）、部分最小二乘回归（PLSR）等。回归分析是统计学的重要分支，它是从实验或观测数据出发寻找合适的数学模型来近似表达变量之间的关系，研究它们之间的密切程度以及进行预测和推断。

　　基于统计回归的方法，特别是 PCA 方法和 PLS 方法，能很好地利用数据的多变量特性，适合处理数据量大且数据间相互关联的情况，并提供了有效的数据压缩和信息提取方法。只要采集了较全面描述过程操作工况的输入输出数据，就可以进行建模，目前已广泛应用于质量预测和监控领域[5-8]。总的来说，回归分析就是采用量化分析的方法，研究和明确自变量与因变量之间相随变动的规律性统计关系。PLS 方法可以较好地解决许多以往回归方法解决不了的问题，比如自变量之间的多重相关性问题和样本点不宜太少的问题，并增强了自变量与因变量之间的相关联度。特别是当各因变量集合内部存在较高程度的相关性时，用 PLS 方法进行建模分析，比对逐个因变量作多元回归更加有效，其结论也更加可靠。

　　传统的 PLS 方法及其改进算法可以抽取过程的有用信息，消除冗余信息，适合从大量数据中搜寻过程质量特性的预测建模问题，但其本质是线性回归问题，在处理非线性较强的系统时建模精度不够。为了解决该问题，Rosipal 和 Trejo[9] 将核函数引入到偏最小二乘回归中，提出了核偏最小二乘（kernel partial least squares，KPLS）方法。该方法克服了 PLS 方法只能进行线性回归的局限性，能充分利用样本空间信息，建立输入和输出变量之间的非线性关系，有效地提高了模型拟合和预测精度，并且已取得了成功的应用[10-14]。

　　KPLS 方法的基本思想是将输入数据通过核函数映射到高维特征空间，然后在高维特征空间中再进行 PLS 运算。根据 Cover 理论，这样特征空间中的线性 PLS 关系就对应原空间的非线性关系。在核函数满足 Mercer 条件[15]情况下，KPLS 法只需在原空间进行点积运算，而不必知道核函数的确切形式。本章利用 KPLS 法进行非线性回归的优势，提出了基于 KPLS 离心压缩机的非线性性能估计和预测方法。首先通过非线性映射将过程数据从低维输入空间映射到高维特征空间，实现变量之间非线性相关关系的线性转化。其中非线性映射是通过定义适当的内积核函数实现的，然后在高维特征空间中利用 PLS 方法进行性能估计和预测。数值仿真实例和实际工业过程数据应用表明 KPLS 方法能有效地捕捉变量之间的非线性关系，回归和预测效果明显优于线性 PLS 方法。

5.1　鲁棒 PLS 方法

　　为了解决小样本数据建模以及多重相关性的问题，Wold 等于 1983 年提出了一种新的多元统计分析方法偏最小二乘法[16]。然而来自实际工业现场的离心压缩机历史数据往往都具有较强的非线性特性，而 PLS 方法本质上是线性回归方法，难以精确描述过程的非线性特性，因此各种非线性 PLS 方法相继出现[17-26]。其中一类方法是将 PLS 方法内部模型的线性关系利用非线性映射进行替代；而另一类则是通过非线性变换将低维空间的非线性关系转变为高维空间的线性关系，再进行 PLS 求参，从而得到自变量对因变量的整体函数解析式。上述模型不但可以提高模型的非线性处理能力，而且还可以有效克服过度拟合。然而当目标函数呈现更为复杂的非线性关系时，这些模型的拟合精度不甚理想，导致其实用性较差。

　　来自工业现场的数据往往受到各种形式的干扰，直接导致样本数据中存在异常点。传统的线性 PLS 方法并不具有鲁棒性，当数据中出现异常点时，这些基于经典 PLS 方法的非线性方法也会丧失其应有的泛化能力。而且相比于线性方法，其过拟合现象更为突出。因此有必要设计一种非线性鲁棒建模方法，用以解决在实际应用中经常遇到的含有异常点的历史数据建模问题。为此，本节将介绍一种将模糊系统与鲁棒 PLS 方法相结合的非线性鲁棒 PLS 方法建模方法。

5.1.1　PLS 方法基本原理

设有 q 个因变量 $\{y_1,\cdots,y_q\}$ 和 p 个自变量 $\{x_1,\cdots,x_p\}$，为了研究因变量和自变量的统计关系，观测了 n 个样本点，由此构成了自变量与因变量的数据表 $X=\{x_1,\cdots,x_p\}$ 和 $Y=\{y_1,\cdots,y_q\}$。PLS 方法为分别在 X 和 Y 中提取得分向量 t_1 和 u_1（也就是说，t_1 是 $x_1,\cdots,x_p$ 的线性组合，u_1 是 $y_1,\cdots,y_q$ 的线性组合）。在提取这两个得分向量时，有下列两个要求。

（1）t_1 和 u_1 应尽可能大地携带它们各自数据表中的变异信息。

（2）t_1 和 u_1 的相关程度能够达到最大。

这两个要求表明，t_1 和 u_1 应尽可能好地代表数据表 X 和 Y，同时，自变量的得分向量 t_1 对因变量的得分向量 u_1 又有最强的解释能力。

记 t_1 是 X 的第一个得分向量，w_1 是 X 的第一个投影方向，它是单位向量，即 $\|w_1\|=1$；同理，记 u_1 是 Y 的第一个得分向量，c_1 是 Y 的第一个投影方向，并且 $\|c_1\|=1$。PLS 方法的求解问题可以表述成下式所示优化问题：

$$\max_{w_1,c_1}\ \langle Xw_1,Yc_1\rangle$$
$$\text{s.t.}\ \begin{cases}w_1^T w_1=1\\ c_1^T c_1=1\end{cases}\tag{5.1}$$

在 $\|w_1\|^2=1$ 和 $\|c_1\|^2=1$ 的约束条件下，求 $\langle Xw_1,Yc_1\rangle$ 的极大值。

采用拉格朗日算法，则

$$L=w_1^T X^T Yc_1-\lambda_1(w_1^T w_1-1)-\lambda_2(c_1^T c_1-1)\tag{5.2}$$

分别求 L 对 w_1、c_1、λ_1 和 λ_2 的偏导，并令其为 0，则有

$$\begin{cases}\dfrac{\partial L}{\partial w_1}=X^T Yc_1-2\lambda_1 w_1=0\\[2mm]\dfrac{\partial L}{\partial c_1}=Y^T Xw_1-2\lambda_2 c_1=0\\[2mm]\dfrac{\partial L}{\partial \lambda_1}=-(w_1^T w_1-1)=0\\[2mm]\dfrac{\partial L}{\partial \lambda_2}=-(c_1^T c_1-1)=0\end{cases}\tag{5.3}$$

由公式（5.3）可得

$$2\lambda_1 = 2\lambda_2 = w_1^T X^T Y c_1 \tag{5.4}$$

可见，$2\lambda_1$ 和 $2\lambda_2$ 是优化问题的目标函数。令 $\theta_1 = 2\lambda_1 = 2\lambda_2$，可得

$$X^T Y c_1 = \theta_1 w_1$$
$$Y^T X w_1 = \theta_1 c_1 \tag{5.5}$$

则有

$$X^T Y Y^T X w_1 = \theta_1^2 w_1$$
$$Y^T X X^T Y c_1 = \theta_1^2 c_1 \tag{5.6}$$

θ_1 为优化的目标函数值，根据前述由此可得 w_1 是矩阵 $X^T Y Y^T X$ 的最大特征值 θ_1^2 所对应的单位特征向量，c_1 是矩阵 $Y^T X X^T Y$ 的最大特征值 θ_1^2 所对应的单位特征向量。

在求得投影方向 w_1 和 u_1 后，就可以计算得到分向量

$$t_1 = X w_1 \tag{5.7}$$

$$u_1 = Y c_1 \tag{5.8}$$

然后，分别建立 X 和 Y 对 t_1 和 u_1 的回归方程

$$X = t_1 p_1^T + E_1 \tag{5.9}$$

$$Y = u_1 q_1^T + F_1 \tag{5.10}$$

且

$$u_1 = f_1(t_1) + r_1 \tag{5.11}$$

式中，n 维向量 t_1 和 u_1 又被称为 X 和 Y 的第一得分向量；p 维向量 p_1 和 q 维向量 q_1 分别是与之对应的载荷向量。计算残差：

$$E_1 = X - t_1 p_1^T \tag{5.12}$$

$$F_1 = Y - u_1 q_1^T \tag{5.13}$$

再对 E_1 和 F_1 进行得分向量的提取，直到 E_a 和 F_a 已几乎不再含有用的信息，而得到 a 个得分向量。经过以上迭代计算可以得到 X 和 Y 的外部关系，写成矩阵的形式为

$$X = T P^T + E_a \tag{5.14}$$

$$Y = U Q^T + F_a \tag{5.15}$$

同样，内部关系写成矩阵的形式为

$$U = f(T) + R \tag{5.16}$$

如果 $f(\cdot)$ 为线性函数，就得到了线性 PLS 算法；如果 $f(\cdot)$ 为非线性函数，如神经网络，还可以得到一类非线性 PLS 算法。常用的 PLS 算法是 NIPALS（nonlinear iterative partial least squares）算法和 SIMPLS（simple partial least squares）算法[27]，NIPALS 算法步骤如下（假设 X 和 Y 已经进行标准化处理）[28]：

（1）令 u 等于 Y 的某一列，通常取方差最大的列向量；

（2）根据 $w = X^\mathrm{T}u/(u^\mathrm{T}u)$ 计算权值向量 w，并用公式 $w \leftarrow w/\|w\|$ 单位化向量 w；

（3）根据 $t = Xw$，计算得分向量 t；

（4）如果 Y 中只有一个变量，则令 $q = 1$，转到（8），否则 $q = Y^\mathrm{T}t/(t^\mathrm{T}t)$，并用公式 $q \leftarrow q/\|q\|$ 单位化向量 q；

（5）根据 $u = Yq^\mathrm{T}$ 计算得分向量 u；

（6）如果满足收敛条件则转到（7），否则返回（2）；

（7）计算回归系数 $b = ut/(t^\mathrm{T}t)$；

（8）计算 X 的载荷向量 $p = X^\mathrm{T}t/(t^\mathrm{T}t)$；

（9）对矩阵 X 和 Y 进行缩并：$X \leftarrow X - tp^\mathrm{T}$，$Y \leftarrow Y - tq^\mathrm{T}$，转至（1），计算得下一分向量。

成分 T 关于 X 的线性关系可以表示为 $T = XW(PTW)^{-1}$。利用 PLS 基于自变量 X 对因变量 Y 的回归预测方程可以表示为

$$\hat{Y} = TR^\mathrm{T} = XW(P^\mathrm{T}W)^{-1}R^\mathrm{T} = X\hat{B} \tag{5.17}$$

当获得一个新的数据 x_k 时，可以采用下式实现对关键质量参数 y 的预测：

$$\hat{y} = R(W^\mathrm{T}P)^{-1}Wx_k = \hat{B}^\mathrm{T}x_k \tag{5.18}$$

5.1.2　潜变量个数的确定

在 PLS 方法中，选定参与回归的潜变量提取成分个数也是一个十分关键的问题。若选定的潜变量个数太少，原自变量矩阵中的部分有用信息便被忽略，影响模型的拟合能力和预测精度；若选定的潜变量个数过多，虽然能提高模型的拟合精度，但可能会因为引入无关的噪声而发生过拟合，并最终导致预测精度反而降低。

究竟选取多少个成分为宜，可以通过考察增加一个新的成分后，能否对模型的预测能力有明显改进来选取。采用类似抽样测试等工作方式，把所有 n 个样本点分成两部分：第一部分是除去某个样本点 i 的所有样本点的集合（含有 $n-1$ 个样本点），用这些样本点并使用 h 个成分拟合一个回归方程；第二部分是把刚才排除的样本点 i 代入前面拟合的方程，得到 y_i 在样本点 i 上的拟合

值 $\hat{y}_i$。对于每个 $i = 1, 2, \cdots, n$，重复上述测试，则可以定义 y_i 的预测误差平方和 $S_{\text{PRESS}, hj}$，有

$$S_{\text{PRESS}, hj} = \sum_{i=1}^{n} (y_{ij} - \hat{y}_{hj(-i)})^2 \tag{5.19}$$

定义 Y 的预测误差平方和为 $S_{\text{PRESS}, h}$，有

$$S_{\text{PRESS}, h} = \sum_{j=1}^{q} S_{\text{PRESS}, hj} \tag{5.20}$$

显然，如果回归方程的稳健性不好，误差很大，那么它对样本点的变动就会十分敏感，从而增大 $S_{\text{PRESS}, h}$ 值。

采用所有的样本点，拟合含有 h 个成分的回归方程。此时，把样本点 i 的预测值记为 $\hat{y}_{hij}$，定义 y_j 的误差平方和为 $S_{\text{SS}, hj}$，有

$$S_{\text{SS}, hj} = \sum_{i=1}^{n} (y_{ij} - \hat{y}_{hij})^2 \tag{5.21}$$

定义 Y 的误差平方和为 $S_{\text{SS}, h}$，有

$$S_{\text{SS}, h} = \sum_{j=1}^{q} S_{\text{SS}, hj} \tag{5.22}$$

一般情况下，$S_{\text{PRESS}, h}$ 大于 $S_{\text{SS}, h}$，而 $S_{\text{SS}, h}$ 总是小于 $S_{\text{SS}, h-1}$。比较 $S_{\text{SS}, h-1}$ 和 $S_{\text{PRESS}, h}$。$S_{\text{SS}, h-1}$ 指用全部样本点拟合的具有（$h-1$）个主成分方程的拟合误差；$S_{\text{PRESS}, h}$ 指增加了一个主成分 t_h，但却含有样本点的扰动误差。如果 h 个成分回归方程的含扰动误差能在一定程度上小于 $h-1$ 个成分回归方程的拟合误差，则认为增加一个成分 t_h 会在一定程度上提高预测精度。因此，希望 $S_{\text{PRESS}, h}/S_{\text{SS}, h-1}$ 的值越小越好。在 SIMCA-P 软件中，指定

$$\frac{S_{\text{PRESS}, h}}{S_{\text{SS}, h-1}} \leq 0.95^2 \tag{5.23}$$

即认为当 $\sqrt{S_{\text{PRESS}, h}} \leq 0.95 \sqrt{S_{\text{SS}, h-1}}$ 时，增加成分 t_h 就是有益的；反过来说，当 $\sqrt{S_{\text{PRESS}, h}} > 0.95 \sqrt{S_{\text{SS}, h-1}}$ 时，增加成分 t_h 对方程预测误差的减小没有明显的改善作用。

另一种等价的定义称为交叉有效性，对于每个因变量 y_k，定义

$$Q_{hk}^2 = 1 - \frac{S_{\text{PRESS}, hk}}{S_{\text{SS}, (h-1)k}} \tag{5.24}$$

对于全部因变量 Y，成分 t_h 的交叉有效性定义为

$$Q_h^2 = 1 - \frac{\sum\limits_{k=1}^{q} S_{\text{PRESS},hk}}{\sum\limits_{k=1}^{q} S_{\text{SS},(h-1)k}} = 1 - \frac{S_{\text{PRESS},h}}{S_{\text{SS},h-1}} \qquad (5.25)$$

用交叉有效性测量成分 t_h 对预测模型精度的边际贡献有如下两个标准。

（1）当 $Q_h^2 \geqslant 0.0975$，认为成分 t_h 的边际贡献是显著的，对模型质量的提高是显著的。

（2）对于 $k = 1, 2, \cdots, q$，至少有一个 k，使得 $Q_{hk}^2 \geqslant 0.0975$ 时，认为增加成分 t_h 至少使一个因变量的预测模型质量得到显著改进，即增加成分 t_h 是有显著作用的。

5.1.3 鲁棒 PLS 方法基本原理

鲁棒 PLS 方法（即 PRM 方法）是一种鲁棒形式的 PLS1 算法（输出变量为 1 维的 PLS 算法），源于迭代再加权 PLS（iterative reweighted PLS，IRPLS）算法[29, 30]。该方法通过反复迭代计算，自适应地为样本数据分配不同的权值，用以消除异常点对回归模型的影响。该方法将异常点分成两类，一类是高杠杆点，另一类是高残差点。高杠杆点是远离输入数据中心的样本点；而高残差点是输出预测值与实际值相差较大的样本点。PRM 算法利用不同的加权方法对上述两类异常点进行加权处理。设第 i 个样本数据的杠杆权值为 w_i^x，可由下式进行定义：

$$w_i^x = f\left(\frac{\|t_i - \text{med}_{L1}(\boldsymbol{T})\|}{\text{med}_i \|t_i - \text{med}_{L1}(\boldsymbol{T})\|}, c\right), \quad i = 1, 2, \cdots, n \qquad (5.26)$$

式中，

$$f(z, c) = \frac{1}{(1 + |z/c|)^2} \qquad (5.27)$$

式中，$\|\cdot\|$ 为欧氏距离；med 为中位值；med_{L1} 为 L1 中位值[31]；t_i 为第 i 个样本数据的 PLS 得分（$\boldsymbol{T}$ 的第 i 行）；c 为常数，通常取 4。设第 i 个样本数据的残差权值为 w_i^r，可由下式进行定义：

$$w_i^r = f\left(\frac{r_i}{\tilde{r}}, c\right) \qquad (5.28)$$

式中，r_i 为第 i 个样本数据的预测值与实际值之间的残差；$\tilde{r}$ 为残差的鲁棒尺度估计，可由下式进行计算：

$$\tilde{r} = \text{med}_i |r_i - \text{med}_j(r_j)|, \quad i, j = 1, 2, \cdots, n \qquad (5.29)$$

综合考虑上述两种权值，则第 i 个样本数据的权值可由下式进行确定：

$$w_i = \sqrt{w_i^x w_i^r}$$　　　　　　　　　（5.30）

上述鲁棒 PLS1 模型反复建立，样本数据的权值不断更新，直到算法满足收敛条件。

5.2　基于非线性鲁棒 PLS 方法的离心压缩机建模方法研究

自 50 多年前 Zadeh 引入模糊集和模糊系统以来，模糊系统依靠其三大优点已经广泛应用于诸多领域。模糊系统可以将人类知识和信息与数据相结合来识别模糊系统，模糊规则和系统的透明性与可解释性使得它们在应用中易于理解和使用。模糊系统是通用逼近器，能够以任意精确度逼近任何连续的非线性函数，因此适合用于解决复杂和非线性问题[32, 33]。非线性鲁棒 PLS 方法的优点是能有效抑制数据中异常点的影响，简化模糊系统的结构，减法聚类算法不涉及任何迭代非线性优化。最后，通过仿真实验和对比分析，验证了本节所提出的建模方法的有效性，为后续 CCPP 煤气系统运行优化方法的研究奠定了坚实的基础。提出的方法的另一个优点是该算法能够快速、鲁棒地构建模糊系统。

在对离心压缩机进行控制时，往往需要建立描述工作状况与性能指标的关系模型。我们用大量的观测数据拟合"原因"与"结果"之间的线性关系，分析这些影响变量的作用程度，进而用可测的过程变量来解释和预测所关心结果的变化趋势。本节利用基于模糊系统与改进减法聚类算法的非线性鲁棒 PLS 方法构建离心压缩机性能预测模型。首先建立了一个初始模糊系统，其中的模糊规则数目与输入输出对数相同，利用部分鲁棒 M 回归（PRM）[34]对初始模糊系统进行参数学习以消除强噪声和离群值。然后采用减法聚类算法[35]，通过从给定的规则库中选择相应的模糊规则来降低模型的复杂度。为了增强聚类过程的鲁棒性，通过 PRM 获得针对离群点的样本权值，并将其应用到减法聚类算法的潜在测量中。

5.2.1　模糊系统结构描述

模糊系统是一种基于知识或基于规则的系统[36, 37]。它的核心就是由所谓的 IF-THEN 规则所组成的知识库。一个 IF-THEN 规则就是一个用连续隶属度函数对所描述的某些句子所做的 IF-THEN 形式的陈述。总的来说，构造一个模糊系统的出发点就是要得到一组来自于专家或基于该领域知识的模糊 IF-THEN 规则，然后将这些规则组合到单一系统中。不同的模糊系统可采用不同的组合原则。模糊系统的框图如图 5.1 所示。

图 5.1   模糊系统的框图

考虑这样一个 MISO 模糊系统：$U = U_1 \times U_2 \times \cdots \times U_n \subset \mathbf{R}^n \to V \subset \mathbf{R}$。假设模糊规则库是由以下 M 条模糊规则组成的：

$$R^{(l)} : \text{If } x_1 \text{ is } A_1^l \text{ and}\cdots\text{and } x_n \text{ is } A_n^l \text{ Then } y \text{ is } B^l \tag{5.31}$$

其中，A_i^l 和 B^l 分别是 $U_i \subset \mathbf{R}$ 和 $V \subset \mathbf{R}$ 上的模糊集合，它们的隶属度函数分别用 $\mu_{A_i^l}(x_i)$ 和 $\mu_{B^l}(y)$ 表示，这里 $l = 1,2,\cdots,M$，$i = 1,2,\cdots,n$。定义由模糊规则库（5.31）、乘积推理机、单值模糊器、中心平均解模糊器和高斯型隶属度函数构成模糊系统，那么该系统的输出为

$$y = f(\boldsymbol{x}) = \frac{\sum\limits_{l=1}^{M} \bar{y}^l \prod\limits_{i=1}^{n} \mu_{A_i^l}(x_i)}{\sum\limits_{l=1}^{M} \prod\limits_{i=1}^{n} \mu_{A_i^l}(x_i)} \tag{5.32}$$

式中，$f : U \to V$，$\boldsymbol{x} = [x_1, x_2, \cdots, x_n]^\mathrm{T} \in U$ 为模糊系统的输入；$\boldsymbol{y} \in V$ 为模糊系统的输出；$\bar{y}^l$ 为模糊集合 B^l 的中心，即 $\mu_{B^l}(y)$ 在 V 上的 $\bar{y}^l$ 处取得极大值；$\mu_{A_i^l}(x_i)$ 为高斯型隶属度函数：

$$\mu_{A_i^l}(x_i) = \exp\left(-\frac{1}{2}\left(\frac{x_i - \bar{x}_i^l}{\bar{\sigma}_i^l}\right)^2\right) \tag{5.33}$$

式中，$\bar{x}_i^l$ 和 $\bar{\sigma}_i^l$ 为高斯型隶属度函数的参数，分别确定其中心和宽度。因此可以定义如下模糊基函数[38]：

$$\phi_l(\boldsymbol{x}) = \frac{\prod\limits_{i=1}^{n} \mu_{A_i^l}(x_i)}{\sum\limits_{l=1}^{M} \prod\limits_{i=1}^{n} \mu_{A_i^l}(x_i)} \tag{5.34}$$

当预先固定参数 $\bar{x}_i^l$ 和 $\bar{\sigma}_i^l$，那么式（5.32）相当于模糊基函数的线性组合：

$$y = \sum_{l=1}^{M} \phi_l(\boldsymbol{x})\bar{y}^l \qquad (5.35)$$

于是式（5.35）可以看成是一个线性回归模型。设有 N 个输入与输出的数据对 $(\boldsymbol{x}^j, \boldsymbol{y}^j)$，$j=1,\cdots,N$。学习的目的是设计一个系统 $f(\boldsymbol{x})$，使它能够满足如下关系式：

$$y^j = f(\boldsymbol{x}^j) + \boldsymbol{e}^j = \sum_{l=1}^{M} \phi_l(\boldsymbol{x}^j)\bar{y}^l + \boldsymbol{e}^j \qquad (5.36)$$

那么上述方程可以改写成矩阵的形式：

$$\boldsymbol{y} = \boldsymbol{\Phi}\bar{\boldsymbol{y}} + \boldsymbol{e} \qquad (5.37)$$

式中，$\boldsymbol{y}=[y^1,\cdots,y^N]^T$，$\boldsymbol{e}=[e^1,\cdots,e^N]^T$ 为随机误差；$\boldsymbol{\Phi}=[\boldsymbol{\varphi}_1,\cdots,\boldsymbol{\varphi}_M]$，且有 $\boldsymbol{\varphi}_l=[\phi_l(\boldsymbol{x}^1),\cdots,\phi_l(\boldsymbol{x}^N)]^T$，$\bar{\boldsymbol{y}}=[\bar{y}^1,\cdots,\bar{y}^M]^T$。

式（5.37）是一个典型的最小二乘问题，然而从工业现场采集来的样本数据往往存在噪声，异常点和变量的多重相关性，这就导致 $\boldsymbol{\Phi}$ 是一个病态矩阵，利用普通最小二乘法回归求参将使得估计值变得很不稳定。正交最小二乘法虽然能在一定程度上解决上述问题，但当噪声过于严重的时候，选入系统中的规则将逐渐增加，最终导致算法失效。因此结合模糊系统的特性，本书设计了一种基于鲁棒 PLS 方法和改进的减法聚类算法的新型建模方法。

5.2.2　建模方法

为了避免在训练前对样本数据进行聚类而丢失样本数据中的信息，考虑把所有样本数据对作为规则选入规则库进行回归建模，即 $M=N$ 的情况。此时利用式（5.37）求得的 $\boldsymbol{\Phi}$ 往往是一个 $N \times N$ 阶病态矩阵，无法利用普通最小二乘法进行求解。解决此类问题最有效的途径之一就是 PLS 方法。PLS 方法通过将高维数据空间投影到低维特征空间，得到相互正交的特征向量，再建立得到分向量间的一元线性回归关系，可以有效解决由于上述模糊基函数变换所引发的多重相关性问题。然而 PLS 方法不具有鲁棒性，当样本数据中存在异常点时，传统的 PLS 方法会失去其本该具有的泛化性能，还容易出现过拟合现象。鲁棒 PLS 方法通过反复迭代计算，自适应地为样本数据分配不同的权值，用以消除异常点对回归模型的影响。接下来首先介绍如何利用鲁棒 PLS 方法来建立模糊系统；然后介绍如何利用改进的减法聚类算法重构模糊系统，使模型结构得到进一步简化。

5.2.2.1　基于鲁棒 PLS 方法的模糊系统训练算法

为将问题转化为线性回归问题，首先需要确定隶属度函数的参数，根据上面的思路，设每个输入输出数据对均产生一条模糊规则，于是在式（5.33）中有 $\bar{x}^l = x^j$，式中，$\bar{x}^l = [\bar{x}_1^l, \cdots, \bar{x}_n^l]^T$，且 $l = j$；而 $\bar{\sigma}_i^l$ 可以利用下式确定：

$$\bar{\sigma}_i^l = [\max(x_i^j) - \min(x_i^j)]/M_s \tag{5.38}$$

式中，M_s 为模糊系统的规则数目。

在确定好上述参数以后，利用式（5.34）对样本数据进行模糊基函数变换，将自变量与因变量之间的非线性关系转变为 $\boldsymbol{\Phi}$ 与 $\boldsymbol{y}$ 之间的线性关系，然后利用鲁棒 PLS 方法进行回归建模，步骤如下：

1）对 $\boldsymbol{\Phi}$ 与 $\boldsymbol{y}$ 进行标准化处理：

$$\tilde{\phi}_i(\boldsymbol{x}^j) = [\phi_i(\boldsymbol{x}^j) - \bar{\phi}_i]/s_i \tag{5.39}$$

$$\tilde{y}^j = (y^j - \bar{y})/s_y \tag{5.40}$$

式中，$\bar{\phi}_i$ 和 $\bar{y}$ 分别为 $\boldsymbol{\varphi}_i$ 和 $\boldsymbol{y}$ 的均值；s_i 和 s_y 分别为 $\boldsymbol{\varphi}_i$ 和 $\boldsymbol{y}$ 的方差。经过标准化处理后的 $\boldsymbol{\Phi}$ 记为 $\tilde{\boldsymbol{\Phi}}$，$\boldsymbol{y}$ 记为 $\tilde{\boldsymbol{y}}$。

2）初始化鲁棒 PLS 方法的权值 $w_i = \sqrt{w_i^x w_i^r}$，可令权值初始值为 1，即 $w_i = 1$，或者 w_i^x 由式（5.26）确定，其中得分 t_i 用 $\boldsymbol{\varphi}_i$ 代替，w_i^r 由式（5.28）确定，其中 r_i 用 $y_i - \text{med}_i y_i$ 代替。用权值 w_i 对矩阵 $\tilde{\boldsymbol{y}}$ 和 $\tilde{\boldsymbol{\Phi}}$ 进行加权得到 $\hat{\tilde{\boldsymbol{y}}}$ 和 $\hat{\tilde{\boldsymbol{\Phi}}}$，利用 PLS 方法对 $\hat{\tilde{\boldsymbol{y}}}$ 和 $\hat{\tilde{\boldsymbol{\Phi}}}$ 进行如下分解：

$$\hat{\tilde{\boldsymbol{\Phi}}} = \boldsymbol{t}_1 \boldsymbol{p}_1^T + \boldsymbol{E}_1 \tag{5.41}$$

$$\hat{\tilde{\boldsymbol{y}}} = \boldsymbol{u}_1 \boldsymbol{q}_1^T + \boldsymbol{F}_1 \tag{5.42}$$

式中，$\boldsymbol{t}_1$ 和 $\boldsymbol{u}_1$ 为第一得分向量；$\boldsymbol{p}_1$ 和 $\boldsymbol{q}_1$ 为相应的载荷向量；$\boldsymbol{E}_1$ 和 $\boldsymbol{F}_1$ 为残差矩阵，在构造了形如式（5.41）和式（5.42）的 PLS 外部模型后，得分向量间通过一元线性回归模型建立联系：

$$\boldsymbol{u}_1 = b_1 \boldsymbol{t}_1 + \boldsymbol{r}_1 \tag{5.43}$$

式中，$\boldsymbol{r}_1$ 为残差向量，回归系数为

$$b_1 = \frac{u_1^T t_1}{t_1^T t_1} \tag{5.44}$$

式（5.43）和式（5.44）确定了 PLS 内部模型。然后计算 $\widehat{\widetilde{\boldsymbol{\Phi}}}$ 和 $\widehat{\boldsymbol{y}}$ 的残差矩阵

$$E_1 = \widehat{\widetilde{\boldsymbol{\Phi}}} - t_1 p_1^T \tag{5.45}$$

$$F_1 = \widehat{\boldsymbol{y}} - b_1 t_1 q_1^T \tag{5.46}$$

接下来用 E_1 和 F_1 代替 $\widehat{\widetilde{\boldsymbol{\Phi}}}$ 和 $\widehat{\boldsymbol{y}}$，采用相同的方法提取第二得分向量。重复以上过程直到提取的 a 组得分向量满足精度要求，此时残差矩阵 E_a 和 F_a 几乎不再含有对回归有用的信息。写成矩阵的形式有

$$\widehat{\widetilde{\boldsymbol{\Phi}}} = TP^T + E_a \tag{5.47}$$

$$\widehat{\boldsymbol{y}} = TBQ^T + F_a \tag{5.48}$$

式中，$T = [t_1, \cdots, t_a]$，$P = [p_1, \cdots, p_a]$，$Q = [q_1, \cdots, q_a]$，$B = \mathrm{diag}\{b_1, \cdots, b_a\}$。目前较为常用的偏最小二乘算法是 NIPALS 算法[39] 和 SIMPLS 算法[27]，而得分向量个数的确定一般采用交叉检验的方法[40]。

3）利用式（5.26）和式（5.28）重新计算权值 w_i^x 和 w_i^r，并更新权值 $w_i = \sqrt{w_i^x w_i^r}$，重复步骤 2），直到 $\widehat{\boldsymbol{y}}$ 和 T 之间的回归系数 $\gamma = BQ_a^T$ 收敛，进入步骤 4）。

4）$\widetilde{\boldsymbol{\Phi}}$ 与 $\widetilde{\boldsymbol{y}}$ 之间的回归系数可在步骤 3）结束时得到，但是由于预先对 $\boldsymbol{\Phi}$ 与 $\boldsymbol{y}$ 进行了标准化处理，因此还需将模型还原为模糊系统的形式，便于采用减法聚类算法进行规则合并。利用上述算法求得线性模型形式如下：

$$\widetilde{\boldsymbol{y}} = \widetilde{\boldsymbol{\Phi}}\boldsymbol{\beta} \tag{5.49}$$

式中，$\boldsymbol{\beta} = [\beta_1, \cdots, \beta_N]$ 为利用 PLS 方法求得的回归系数。将式（5.39）和式（5.40）代入式（5.49）并写成矩阵的形式有

$$\boldsymbol{y} = \boldsymbol{\Phi}\boldsymbol{\alpha} + [\alpha_0, \cdots, \alpha_0]_{1 \times N}^T \tag{5.50}$$

式中，$\boldsymbol{\alpha} = [\alpha_1, \cdots, \alpha_N]^T$，$\alpha_l = s_y \beta_l / s_l$，$\alpha_0 = \overline{y} - \sum_{l=1}^N \alpha_l \overline{\phi}$。考虑到模糊基函数的归一化的特性（$\boldsymbol{\Phi}$ 的每一行相加和为 1），可以将式（5.50）进行如下改写：

$$\boldsymbol{y} = \boldsymbol{\Phi}[\alpha_1 + \alpha_0, \cdots, \alpha_N + \alpha_0]_{1 \times N}^T \tag{5.51}$$

这里设

$$\hat{y}_l = \alpha_0 + \alpha_l \tag{5.52}$$

于是就得到了形如式（5.53）的模糊系统

$$y = \boldsymbol{\Phi}\hat{y} \tag{5.53}$$

式中，$\hat{y} = [\hat{y}_1, \cdots, \hat{y}_N]^T$，这里的 $\hat{y}$ 相当于 $\bar{y}$ 的估计值。

由于每个模糊基函数都相当于一条模糊规则，因此式（5.53）相当于由 N 条模糊规则组成的模糊系统，每一条规则都可以反映系统在某一局部的特性。换句话说，就是当输入服从第 l 条规则的条件时，输出也将最大限度地接近 $\bar{y}^l$ 的估计值 $\hat{y}^l$。

利用上述方法，已经可以利用样本数据成功地构造一个模糊系统，该系统对于样本数据中存在的异常点具有良好的抑制作用。然而当样本数量过多时，特别是样本间存在相似性时，会造成规则间的相似。因此本书利用改进的减法聚类算法来减少规则的数目，重构一个规模更加合理的模糊系统。

5.2.2.2 基于改进减法聚类算法的模糊系统重构

通过去掉模型中一些相似的规则，可以使模糊系统大大简化。上述过程可以理解为一个聚类问题。常用的聚类算法较多，本书选用减法聚类算法对系统进行重构[41]。相比其他聚类方法，减法聚类算法的优点在于不需要预先确定类数，能够自适应地确定聚类中心。

前面我们提到，来自工业现场的样本数据难免存在异常点，而由异常点形成的规则无法正确反映系统的局部特性，是我们在进行模糊系统重构时首先选择剔除的规则。在进行减法聚类以前，我们可以利用鲁棒 PLS 方法训练过程中获得的权值信息，对由异常点形成的规则先行剔除。鲁棒 PLS 方法通过反复迭代计算，自适应地为样本数据分配不同的权值，其中给正常样本数据分配接近于 1 的权值，而给异常点数据分配接近于 0 的权值，因此，我们可以设置一个阈值，如 0.2，通过权值 w_i 的大小来判断异常点并去除相应的规则。当然这一步并不能保证所有的异常点都能被去除，此外，除了异常点之外还存在冗余的规则，需要进一步进行聚类约减规则。

在减法聚类算法中为了将条件和结论部分均相似的规则聚为一类，同时对输入和输出进行聚类[36]，此外，还可以利用鲁棒 PLS 方法训练得到的权值信息增强减法聚类算法对噪声和异常点的鲁棒性，本书提出了一种改进的减法聚类算法，并定义规则差异度如下：

设第 l 条规则 $R^{(l)}$ 条件部分的中心为 $\bar{x}^l = [\bar{x}_1^l, \cdots, \bar{x}_n^l]^T$，结论部分的中心为 $\bar{y}^l$，则其规则相似度定义为

$$D_l = \sum_{j=1}^{\bar{N}} \left[\exp\left(-\sum_{i=1}^{n} \frac{(\bar{x}_i^l - \bar{x}_i^j)^2}{(r_{x_i}/2)^2} \right) \exp\left(-\frac{(\theta^l - \theta^j)^2}{(r_\theta/2)^2} \right) \right] \exp\left(-\frac{(1-w_i)^2}{(r_w/2)^2} \right) \quad (5.54)$$

式中，$\bar{N}$ 是去除异常点后剩余的规则数；r_{x_i}、r_θ 和 r_w 分别为第 l 条规则的影响范围，范围以外的规则对相似度影响甚微，而 r_{x_i}、r_θ 和 r_w 可由下式进行确定：

$$r_{x_i} = [\max(x_i^j) - \min(x_i^j)]/K_{x_i} \quad (5.55)$$

$$r_\theta = [\max(\theta^j) - \min(\theta^j)]/K_\theta \quad (5.56)$$

$$r_w = [\max(w^j) - \min(w^j)]/K_w \quad (5.57)$$

式中，K_{x_i}、K_θ 和 K_w 分别为大于 2 的正整数，如果希望提高模型的精度，可以通过增大 K_{x_i}、K_θ 和 K_w 获得更多的规则来实现，相反则会获得一个结构更为简化的模型。这里条件部分的中心，即是样本数据点；而结论部分的中心，则是利用上述 PLS 方法求取的估计值。

选择相似度最大的规则 $R^{(s_1)}$ 为第一条选入系统的规则，其假设部分和结论部分的中心分别为 $\bar{x}^{s_1}$ 和 θ^{s_1}，其相似度值为 D_{s_1}。然后对其余规则的相似度进行修正，设已经选出 m 条规则，$1 < m \le M_s$，则其修正公式为

$$
\begin{aligned}
D_l^{m+1} = D_l^m - D_{s_m} &\left[\exp\left(-\sum_{i=1}^{n} \frac{(\bar{x}_i^l - \bar{x}_i^{s_m})^2}{(1.5r_{x_i}/2)^2} \right) \right. \\
&\left. \times \exp\left(-\frac{(\theta^l - \theta^{s_m})^2}{(1.5r_\theta/2)^2} \right) \exp\left(-\frac{(1-w^{s_m})^2}{(r_w/2)^2} \right) \right]
\end{aligned} \quad (5.58)
$$

在修正了每个规则相似度后，选定下一条规则。该过程不断重复，直到最新计算出的最大规则 D_l^m 相似度满足停止条件：

$$\text{If } D_l^m < \underline{\varepsilon} D_{s_1}; \text{ or } \underline{\varepsilon} D_{s_1} < D_l < \bar{\varepsilon} D_{s_1} \text{ with } \frac{d_{\min}}{r} + \frac{D_l^m}{D_{s_1}} < 1, \quad r = r_{x_k} + r_\theta \quad (5.59)$$

式中，$d_{\min}$ 是当前规则与之前所有选出规则的最短距离。

利用上述方法就从 N 条规则中选出 M_s 条规则，用以重构模糊系统，并使其结构大大简化。综上所述，将基于鲁棒 PLS 方法和改进减法聚类算法的模糊系统建模步骤叙述如下：

（1）对样本数据进行模糊基函数变换得到 $\boldsymbol{\Phi}$；

（2）对变换矩阵 $\boldsymbol{\Phi}$ 和样本输出 $\boldsymbol{y}$ 进行标准化处理得到 $\tilde{\boldsymbol{\Phi}}$ 和 $\tilde{\boldsymbol{y}}$；

（3）对权值 w_i 进行初始化，可令 $w_i = \sqrt{w_i^x w_i^r} = 1$；

（4）利用 w_i 对 $\tilde{\boldsymbol{\Phi}}$ 和 $\tilde{\boldsymbol{y}}$ 进行加权得到 $\hat{\tilde{\boldsymbol{\Phi}}}$ 和 $\hat{\tilde{\boldsymbol{y}}}$，并对 $\hat{\tilde{\boldsymbol{\Phi}}}$ 和 $\hat{\tilde{\boldsymbol{y}}}$ 进行 PLS 分析；

（5）利用式（5.26）和式（5.28）更新权值 w_i^x 和 w_i^r，重复步骤（4），直到 $\hat{\tilde{\boldsymbol{y}}}$ 和 $\boldsymbol{T}$ 之间的回归系数 $\gamma = \boldsymbol{B}\boldsymbol{Q}_a^{\mathrm{T}}$ 收敛，得到 $\tilde{\boldsymbol{\Phi}}$ 和 $\tilde{\boldsymbol{y}}$ 之间的回归系数 $\boldsymbol{\beta}$ 和权值 w_i；

（6）利用式（5.49）～式（5.53），将回归系数 $\boldsymbol{\beta}$ 还原为关于 $\boldsymbol{\Phi}$ 和 $\boldsymbol{y}$ 的回归系数 $\hat{\boldsymbol{y}}$，即 $\bar{\boldsymbol{y}}$ 的估计值；

（7）把求得的模型看作是由 N 条规则组成的模糊系统，利用在步骤（5）中获得的权值 w_i 判断异常点并去除相应的规则；

（8）利用式（5.54）～式（5.57）计算步骤（7）中除去离群点后所有规则的相似度；

（9）将相似度最大的规则选出，并利用式（5.58）更新其余规则的相似度，直到最新计算出的最大规则 D_i^m 相似度满足停止条件式（5.59），此时共选出 M_s 条规则；

（10）利用选出的 M_s 条规则重构模糊系统。

利用上述步骤所设计的模糊系统，不仅对于样本数据中的噪声和异常点具有较好的抑制作用，而且结构简单便于处理，该系统的上述特点将在数值仿真研究和离心压缩机的应用中得到验证。

5.2.3 数值仿真

考虑利用模糊系统去逼近目标函数

$$f(x) = \sin(2\pi x) + \varepsilon, \quad 0 \leqslant x \leqslant 1 \tag{5.60}$$

在 [0,1] 之间随机产生 80 个数据对 $[x, f(x)]$，式中，ε 是服从 $N(0,0.02)$ 的噪声，样本数据如图 5.2 所示，在样本数据中引入 4 个异常点（20、30、49 和 59），此外，在 [0,1] 之间均匀产生 101 个数据用于测试。

表 5.1 给出了利用鲁棒 PLS 方法建立模糊系统时各样本数据对应的权值，以 0.1 为阈值，将权值小于 0.1 的样本数据认为是异常数据，相应的规则从模糊规则库中剔除，剩下的规则利用改进的减法聚类方法进行约减，最终选择了 18 条模糊规则用于构建模糊系统。选择的规则如图 5.3 所示。表 3.1 中用粗黑体标出了最终选出的 18 条规则，另外用斜体字体标出了 4 条权值小于 0.1 的规则，正是在样本数据中引入的那四个异常点（20、30、49 和 59）。可以看出，鲁棒 PLS 方法能有效抑制异常点的影响，模糊规则的中心都落在样本数据真实值的附近。

表 5.1　模糊系统中各规则对应的权值

i	w_i	i	w_i	i	w_i	i	w_i
1	0.2848	21	0.3947	41	0.5665	61	0.2441
2	0.4525	22	0.3839	42	0.4445	62	0.5130
3	0.2678	23	0.3665	43	0.6699	63	0.4987
4	0.2129	24	0.6005	44	0.6777	64	0.2670
5	0.4024	25	0.3122	45	0.6684	65	0.4380
6	0.1841	26	0.3140	46	0.7241	66	0.3149
7	0.4529	27	0.3054	47	0.6437	67	0.6090
8	0.4701	28	0.3842	48	0.3324	68	0.6037
9	0.2789	29	0.4510	49	0.0045	69	0.3836
10	0.4655	30	0.0077	50	0.2843	70	0.2048
11	0.5348	31	0.5738	51	0.4140	71	0.4387
12	0.3006	32	0.2410	52	0.3713	72	0.2230
13	0.4551	33	0.5584	53	0.5515	73	0.3181
14	0.2400	34	0.4871	54	0.2708	74	0.3601
15	0.4557	35	0.3167	55	0.1163	75	0.4069
16	0.4841	36	0.3609	56	0.5832	76	0.5423
17	0.1702	37	0.5405	57	0.5452	77	0.3255
18	0.5786	38	0.3198	58	0.5553	78	0.3528
19	0.2054	39	0.6214	59	0.0125	79	0.2443
20	0.0054	40	0.3560	60	0.2856	80	0.3521

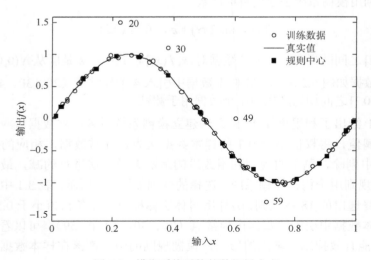

图 5.2　模糊系统重构的数据样本点

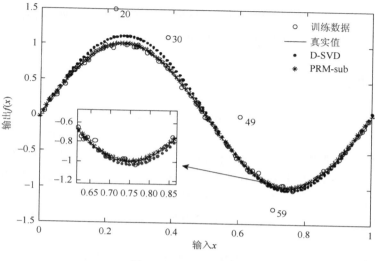

图 5.3 预测效果比较

在图 5.3 中，把利用鲁棒 PLS 方法和改进减法聚类方法建立的模糊系统（PRM-sub）与利用 D-SVD 算法训练的模糊系统（D-SVD）[42]的预测效果进行比较，可以看到，前者的泛化能力明显要优于后者，而且能有效抑制异常点的影响；后者由于受异常点的作用，预测结果出现了较大的偏差，特别是在接近异常点的区域，模糊规则不能很好地反映系统本该有的局部特性。

引入预测均方根误差（root mean square error，RMSE）和最大绝对误差（max absolute error，MAE）对仿真实验的误差结果进行分析，RMSE 和 MAE 的定义如下：

$$\text{RMSE} = \sqrt{\frac{1}{N}\sum_{i=1}^{N}(\hat{y}_i - y_i)^2} \qquad (5.61)$$

$$\text{MAE} = \max_{i=1}^{N}|\hat{y}_i - y_i| \qquad (5.62)$$

式中，$\hat{y}_i$ 是对第 i 个样本的预测值。最后，将两种方法的 RMSE 以及 MAE 列于表 5.2 中进行比较。可以得出这样的结论，基于非线性鲁棒 PLS 方法的模糊系统的预测效果优于基于 D-SVD 的模糊系统，而且其规则数目也明显减少，与规则约减前的 100 条规则相比，系统的结构更是得到大大简化。

表 5.2 预测均方差及最大绝对误差比较

	D-SVD	PRM-sub
RMSE	0.0706	0.0269
MAE	0.163	0.58
规则数	28	18

接下来，本书将利用所提出的非线性鲁棒 PLS 方法建立离心压缩机的性能预测模型，并对预测模型的预测效果进行进一步仿真研究。

5.2.4　应用研究

本书选择从钢铁厂备用发电厂获取的多级离心压缩机实际数据集[43-45]。其中包括四个输入参数：入口温度、入口压力、质量流量和转速；两个输出参数：压力比和效率。详细的离心压缩机结构和操作参数测量参见文献[43]。本书取 40 组样本作为训练数据，41 组样本作为测试数据，选择压力比来衡量所提出方法的有效性。将训练数据集中四个样本人为设置成异常值。为了进行对比，分别利用所提出的方法、D-SVD 和鲁棒方法 ARRBFN[46]对测试数据集进行预测，将预测结果列于表 5.3 中。

采用 D-SVD 方法对测试数据集进行预测，预测结果的 RMSE = 0.1195，含有 33 条模糊规则。对于 ARRBFN，由于该数据集包含异常值，该方法的预测结果要好得多，RMSE = 0.0437，模糊规则有 23 条，因此 ARRBFN 的鲁棒方法可以减少这些异常值的负面影响。当采用所提出的方法时，RMSE 减少到 0.0379，模糊规则的数量减少到 21 条，因此所提出的方法能够更加准确地反映实际离心压缩机数据集的最佳预测性能。

表 5.3　压缩机数据集的预测结果汇总

	D-SVD	ARRBFN	PRM-sub
RMSE	0.1195	0.0437	0.0379
No. of rules（or hidden nodes）	33	23	21

注："PRM-sub"是指拟议的方法。"No. of rules"是指模糊规则的数量，用于建立模糊模型。

为了进一步比较所研究三种方法的预测性能，在图 5.4 中检查了测试数据集的预测结果和测量结果之间的关系。在这种情况下，如果模型完美匹配数据，则数据将落在对角线上。为了评估图中正在研究的方法预测的准确性，每个图提供了一条直线（指示完美预测）和±5%相对误差带。从图 5.4（a）可以看出，D-SVD 不适用于拟合这些数据。当使用 ARRBFN 和提出的方法时，可以获得良好的预测结果，如图 5.4（b）和图 5.4（c）所示。此外，应用所提出的方法能够使得数据点更紧密地落在对角线方向上。

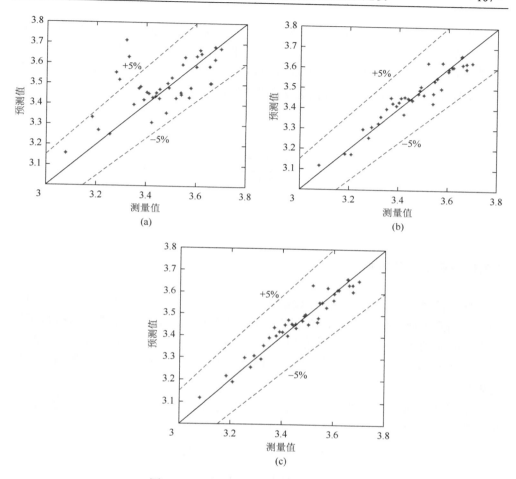

图 5.4 三种方法的预测值与实际输出值

预测值与实测输出值，使用：（a）D-SVD（b）ARRBFN（c）所提出的方法。
每个图中的实线表示完美的预测；每个图中的虚线表示±5%的相对误差带

5.3 核偏最小二乘方法

核（kernel）方法在 20 世纪 90 年代开始被用于解决非线性问题，初始被用于支持向量机（SVM），现在也被引入到统计回归方法中。核技巧处置非线性问题的根本思路如下：低维特征空间 X 内线性不可分，寻找某种到高维空间 F 的映射，在高维空间达成线性分类的目的。映射后的高维数据维数较大甚至是无穷维的[47]。在将核方法运用到统计回归中时，不可能直接运算，但又要在高维空间中实现线性方法。具体实现是利用了映射后数据的点积形式，用核函数来表示内积运算，这样就防止了维数灾难的出现。

　　图 5.5 展示了核函数理论的基本原理[47]。设 X 表示数据样本集，$X \in \mathbf{R}^m$，对于一个在原始空间中的分类问题 T，可以看作是一个非线性问题或者线性不可分问题。寻找到合适的非线性变换函数 $\boldsymbol{\Phi}(x)$，在特定的高维特征空间 F 中就可以得到数据样本集 X 的映射，分类问题 T 将在空间 F 中得到解决。

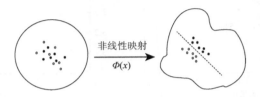

图 5.5　核函数理论的基本原理

5.3.1　核方法基本原理

　　核方法是一系列先进非线性数据处理技术的总称，而这些数据处理方法的共同点都用到了核映射。Mecer 给出了一个函数为核的充分必要条件，即核是满足如下 Mecer 条件的任何对称函数[48]。设 $X \in \mathbf{R}^m$ 为输入空间，$\boldsymbol{\Phi}$ 是输入空间 X 到特征空间 F 的映射，则核可以表示为 $K(\boldsymbol{x}, \boldsymbol{y}) = \langle \boldsymbol{\Phi}(\boldsymbol{x}), \boldsymbol{\Phi}(\boldsymbol{y}) \rangle$，式中，$\langle \boldsymbol{\Phi}(\boldsymbol{x}), \boldsymbol{\Phi}(\boldsymbol{y}) \rangle$ 为内积。

　　定理 2.1（Mecer 条件）：令 X 是 $\mathbf{R}^m$ 上的紧凑子集，假设 K 是一个连续的对称函数，使得积分算子 $T_k : L_2(X) \to L_2(X)$

$$(T_k f)(\cdot) = \int_X K(\cdot, \boldsymbol{x}) f(\boldsymbol{x}) \mathrm{d}\boldsymbol{x} \tag{5.63}$$

　　式（5.63）是正的，也就是说对于 $\forall f \in L_2(\boldsymbol{x})$ 有

$$\int_{X \times X} K(\boldsymbol{x}, \boldsymbol{y}) f(\boldsymbol{x}) f(\boldsymbol{y}) \mathrm{d}\boldsymbol{x} \mathrm{d}\boldsymbol{y} \geqslant 0 \tag{5.64}$$

　　根据满足 $(\boldsymbol{\Phi}_j, \boldsymbol{\Phi}_i) = \delta_{ij}$ 的函数 $\boldsymbol{\Phi}_j$（在 $X \times X$ 上），以一致收敛序列的形式展开 $K(\boldsymbol{x}, \boldsymbol{y})$，即

$$K(\boldsymbol{x}, \boldsymbol{y}) = \sum_{j=1}^{\infty} \boldsymbol{\Phi}_j(\boldsymbol{x}) \boldsymbol{\Phi}_j(\boldsymbol{y}) \tag{5.65}$$

而且级数 $\sum_{i=1}^{\infty} \|\boldsymbol{\Phi}_i\|_{L_2(\boldsymbol{x})}^2$ 是收敛的。

　　证明：若积分算子的正值性隐含我们的条件，即所有的有限子矩阵都是半正定的，则定理成立。假设存在一个点 $\boldsymbol{x}_1, \boldsymbol{x}_2, \cdots, \boldsymbol{x}_n$ 上的有限子矩阵，该子矩阵不是半正定的。令向量 $\boldsymbol{\alpha}$ 使得

$$\sum_{i,j=1}^{n} K(\pmb{x}_i, \pmb{x}_j)\pmb{\alpha}_i\pmb{\alpha}_j = \varepsilon < 0 \tag{5.66}$$

再令

$$f_\sigma(\pmb{x}) = \sum_{i=1}^{n} \pmb{\alpha}_i \frac{1}{(2\pi\sigma)^{d/2}} \exp\left(-\frac{\|\pmb{x}-\pmb{x}_i\|^2}{2\sigma^2}\right) \in L_2(\pmb{x}) \tag{5.67}$$

式中，d 是空间 X 的维数，有

$$\lim_{\sigma\to0}\int_{X\times X} K(\pmb{x},\pmb{y})f_\sigma(\pmb{x})f_\sigma(\pmb{y})\mathrm{d}\pmb{x}\mathrm{d}\pmb{y} = \varepsilon \tag{5.68}$$

但对于某个 $\sigma > 0$，上述积分值将小于 0，这与积分算子的正值性相矛盾。

考虑 F_k 的一个标准正交基 $\Phi_i(\pmb{x}), i=1,2,\cdots,F_k$ 是核 K 的再造希尔伯特空间（reproducing kernel Hilbert space，RKHS），则 $K(\pmb{x},\cdot)$ 的傅里叶级数

$$K(\pmb{x},\pmb{y}) = \sum_{i=1}^{\infty}\langle K(\pmb{x},\cdot),\Phi_i(\cdot)\rangle = \sum_{i=1}^{\infty}\Phi_i(\pmb{x})\Phi_i(\pmb{y}) \tag{5.69}$$

得证。

为了证明级数 $\sum_{i=1}^{\infty}\|\Phi_i\|_{L_2(\pmb{x})}^2$ 是收敛的，利用 X 的紧凑性可以得到：

$$\begin{aligned}\lim_{n\to\infty}\sum_{i=1}^{n}\|\Phi_i\|_{L_2(\pmb{x})}^2 &= \lim_{n\to\infty}\sum_{i=1}^{n}\int_X \Phi_i(\pmb{x})\Phi_i(\pmb{x})\mathrm{d}\pmb{x} \\ &= \lim_{n\to\infty}\int_X\sum_{i=1}^{n}\Phi_i(\pmb{x})\Phi_i(\pmb{x})\mathrm{d}\pmb{x} = \int_X\lim_{n\to\infty}\sum_{i=1}^{n}\Phi_i(\pmb{x})\Phi_i(\pmb{x})\mathrm{d}\pmb{x} < \infty\end{aligned} \tag{5.70}$$

结论得证。

从定义中可以看出核应该满足两个条件：对称性和 Cauchy-Schwarts 不等式，

$$K(\pmb{x},\pmb{y}) = K(\pmb{y},\pmb{x}) \tag{5.71}$$
$$K^2(\pmb{x},\pmb{y}) \leqslant K(\pmb{x},\pmb{x})\cdot K(\pmb{y},\pmb{y}) \tag{5.72}$$

对称正定的函数在统计上称为协方差，所以核从本质上来讲是协方差[49]。

核函数具有以下性质：

性质 1：如果 K_1 和 K_2 是两个核，且 a_1 和 a_2 是两个正实数，则 $K(\pmb{x},\pmb{y})=a_1K_1(\pmb{x},\pmb{y})+a_2K_2(\pmb{x},\pmb{y})$ 也是核。

性质 2：如果 K_1 和 K_2 是两个核，则 $K(\pmb{x},\pmb{y})=K_1(\pmb{x},\pmb{y})\cdot K_2(\pmb{x},\pmb{y})$ 也是核。

性质 3：如果 K_1 是一个核，则由 K_1 组成的系数为正的多项式也是核，即 $K(\pmb{x},\pmb{y})=\sum_{i=1}^{n}a_1K_1(\pmb{x},\pmb{y})\{n\in\mathbf{N},a_1,a_2,\cdots,a_n\in\mathbf{R}^+\}$ 也是核。

性质 4：如果 K_1 是一个核，则 K_1 的指数也是核，即 $K(\pmb{x},\pmb{y})=\exp(K_1(\pmb{x},\pmb{y}))$ 也是核。

性质 5：如果 a 是一个实值函数，K_1 是一个核，则 $K(\pmb{x},\pmb{y}) = K_1(a(\pmb{x}), a(\pmb{y}))$ 也是核。

性质 6：如果 $\pmb{A}$ 是 $n \times n$ 的正定矩阵，则 $K(\pmb{x},\pmb{y}) = \pmb{x}^{\mathrm{T}} \pmb{A} \pmb{y}$ 也是核。

性质 7：如果 $\pmb{\Phi}$ 是一个方差函数，则 $K(\pmb{x},\pmb{y}) = \dfrac{1}{4}[\pmb{\Phi}(\pmb{x}+\pmb{y}) - \pmb{\Phi}(\pmb{x}-\pmb{y})]$ 也是核。

核的性质有很重要的意义，它对于分析问题提供了很大的帮助。就整个系统来讲，多个子系统的核经过组合构成了一个更复杂的组合核，核的这些性质对于构造新的核提供了方法[50]。此外核函数有如下的一些特点[51]。

（1）核函数的计算量与特征空间的维数无关。核函数的引入避免了直接在变换后的高维特征空间的运算，大大减小了计算量，避免了"维数灾难"。因此，甚至可以选择一些核函数，使得特征空间的维数无穷大，以提高模式分类的能力。

（2）无须知道非线性映射函数中 $\pmb{\Phi}(\cdot)$ 的形式及参数。原始输入空间进行的核函数计算实质上是隐式地对应于 $\pmb{\Phi}(\cdot)$ 变换后的高维特征空间的运算，这样克服了一般的映射方法中非线性函数结构及其参数的确定和特征空间维数的限制。

（3）不同的核函数确定了不同的非线性变换函数。核函数的形式及核参数的变化会改变特征空间的性质，进而改变各种核函数方法的性能。

（4）核函数方法可以和不同的算法结合起来，形成多种不同的基于核函数技术的其他方法。

（5）核函数的确定比较容易，满足 Mercer 条件的任意对称函数都可以作为核函数。

更进一步的研究表明，核函数与再造希尔伯特空间是一一对应的。核函数方法可以看作是在 RKHS 中运用各种算法求解复杂问题，而 RKHS 中的线性算法即对应原输入空间的非线性算法。

常见的核函数有如下几种形式。

（1）多项式核函数

$$K(\pmb{x},\pmb{y}) = \langle \pmb{x},\pmb{y} \rangle^q \tag{5.73}$$

（2）高斯核函数

$$K(\pmb{x},\pmb{y}) = \exp\left(\frac{-\|\pmb{x}-\pmb{y}\|^2}{2\sigma^2} \right) \tag{5.74}$$

（3）指数核函数

$$K(\pmb{x},\pmb{y}) = \exp\left(\frac{-\|\pmb{x}-\pmb{y}\|}{2\sigma^2} \right) \tag{5.75}$$

（4）Sigmoid 核函数

$$K(\boldsymbol{x}, \boldsymbol{y}) = \tanh(\beta_0 \langle \boldsymbol{x}, \boldsymbol{y} \rangle + \beta_1) \tag{5.76}$$

式中，q、σ^2、β_0、β_1 一般需事先根据不同的情况按经验确定，不同的核函数决定了由原始空间到特征空间的不同映射。

5.3.2   KPLS 方法基本原理

当数据之间的关系为线性相关关系时，利用 PLS 方法可以取得较好的回归效果，但是 PLS 方法始终是一种线性方法，不能对非线性关系较强的数据进行有效的处理。将核函数与 PLS 方法相结合的方法，通过选择不同的核函数，广泛处理不同的非线性数据，并且在不同领域得到了应用[11-13]。

假设存在如下从原始空间变量 $\{\boldsymbol{x}_i\}_{i=1}^n$ 到特征空间 H 的非线性映射，$\boldsymbol{\varPhi}$：$\boldsymbol{x}_i \in \boldsymbol{R}^m \to \boldsymbol{\varPhi}(\boldsymbol{x}_i)$，利用再生希尔伯特空间和特征空间之间的关系，Rosipal 和 Trejo[9] 将线性 PLS 方法推广为核 PLS 方法。核偏最小二乘的目标是通过非线性映射在特征空间中构建线性 PLS 模型，由于特征空间 H 的维数很高甚至是无穷维的，不可能直接计算出得分向量、权值向量和回归系数值，因此必须对原始空间的运算公式进行变换，使它只包含映射后数据的内积运算，而内积运算可以由原始空间定义的核函数来表示，即

$$K(\boldsymbol{x}_i, \boldsymbol{x}_j) = \langle \boldsymbol{\varPhi}(\boldsymbol{x}_i), \boldsymbol{\varPhi}(\boldsymbol{x}_j) \rangle \tag{5.77}$$

式中，$\boldsymbol{K}$ 为 $n \times n$ 维核 Gram 矩阵，K 表示非线性映射所选择的核函数。类似地，利用如下的核函数将变量集 $\boldsymbol{Y}$ 映射到高维特征空间 H_1：

$$K_1(\boldsymbol{y}_i, \boldsymbol{y}_j) = \langle \boldsymbol{\varPhi}(\boldsymbol{y}_i), \boldsymbol{\varPhi}(\boldsymbol{y}_j) \rangle \tag{5.78}$$

在 PLS 算法中，权值向量 $\boldsymbol{w}$ 可以通过求解如下广义特征方程得到：

$$\boldsymbol{X}^{\mathrm{T}} \boldsymbol{Y} \boldsymbol{Y}^{\mathrm{T}} \boldsymbol{X} \boldsymbol{w} = \lambda \boldsymbol{w} \tag{5.79}$$

$\boldsymbol{w}$ 为广义特征方程最大特征值所对应的特征向量,得分向量 $\boldsymbol{t}$ 可通过下式计算：

$$\boldsymbol{t} = \boldsymbol{X} \boldsymbol{w} \tag{5.80}$$

但是在 KPLS 方法中，需要把数据从原始空间映射到高维特征空间，因此在特征空间中权值向量 $\boldsymbol{w}$ 和系数向量并不能直接进行计算，NIPALS 算法需要进行核化处理。由式（5.79）和式（5.80），可得到如下求解 $\boldsymbol{X}$ 阵得分向量 $\boldsymbol{t}$ 的特征方程：

$$XX^{\mathrm{T}}YY^{\mathrm{T}}t = \lambda t \tag{5.81}$$

Y 阵得分向量 u 可通过下式估计得到：

$$u = YY^{\mathrm{T}}t \tag{5.82}$$

因此在特征空间中通过核映射，式（5.81）和式（5.82）可进一步表示为

$$KK_1 t = \lambda t \tag{5.83}$$

$$u = K_1 t \tag{5.84}$$

核矩阵 K 可用下式进行进一步的中心化处理：

$$K \leftarrow \left(I - \frac{1}{n}\mathbf{1}_n \mathbf{1}_n^{\mathrm{T}}\right) K \left(I - \frac{1}{n}\mathbf{1}_n \mathbf{1}_n^{\mathrm{T}}\right) \tag{5.85}$$

KPLS 算法的运算步骤可表示如下：

（1）初始化 u_i（可以设置 u 等于 Y 阵中的任何一列）；

（2）计算权值向量 w_i：$w_i = \boldsymbol{\Phi}_i^{\mathrm{T}} u_i / \left\|\boldsymbol{\Phi}_i^{\mathrm{T}} u_i\right\|$，其中，$\boldsymbol{\Phi}_i = \boldsymbol{\Phi}(X_i)$；

（3）计算得分向量 t_i：$t_i = \boldsymbol{\Phi}_i \boldsymbol{\Phi}_i^{\mathrm{T}} u_i = K_i u_i / \sqrt{u_i^{\mathrm{T}} K_i u_i}$，单位化向量 $t_i = t_i / \|t_i\|$；

（4）$q_i = Y_i t_i$，单位化向量 $q_i = q_i / \|q_i\|$；

（5）计算得分向量 u_i：$u_i = Y_i q_i$；

（6）重复（1）到（5），直至收敛；

（7）依据下式进一步计算矩阵 K_{i+1} 和 Y_{i+1}：

$$K_{i+1} = (I - t_i t_i^{\mathrm{T}}) K_i (I - t_i t_i^{\mathrm{T}}) = K_i - t_i t_i^{\mathrm{T}} K_i + K_i t_i t_i^{\mathrm{T}} + t_i t_i^{\mathrm{T}} K_i t_i t_i^{\mathrm{T}} \tag{5.86}$$

$$Y_{i+1} = (I - t_i t_i^{\mathrm{T}}) Y_i \tag{5.87}$$

（8）令 $i = i + 1$，若 $i > N$ 停止循环，否则转至步骤（2），直到计算出所有的特征向量。

通过计算得出矩阵 $\boldsymbol{\Phi}$ 中的主元得分矩阵 $T = [t_1, t_2, \cdots, t_N]$，及 Y 的得分矩阵 $U = [u_1, u_2, \cdots, u_N]$，$T$ 可以表示为

$$T = \boldsymbol{\Phi}R \tag{5.88}$$

$$R = \boldsymbol{\Phi}^{\mathrm{T}} U (T^{\mathrm{T}} KU)^{-1} \tag{5.89}$$

KPLS 与传统非线性回归的区别在于，传统非线性回归是基于解释变量空间，而 KPLS 是基于样本空间数据。KPLS 方法的优势在于输入和输出变量关系未知的情况下，能有效地提取两者之间的非线性关系，而无须指定明确的非线性模型，

避免了传统非线性回归所存在的模型设定偏差，并且在解释变量多而样本少的情况下，该方法也能有效地提取输入和输出变量之间的关系[52]。

但是由于 KPLS 方法是基于样本的，导致所建立模型的实际意义解释并不明晰，其并不能给出输入与输出变量之间明确的函数关系，且样本在特征空间中的投影也较复杂，通常无法得到明确的投影方向和大小信息。另外，核参数的选择与 KPLS 方法的性能也有密切的关系，目前只能由经验得到，如何找到一个选择核参数的系统方法依然是一个亟待解决的问题[53]。

5.4 基于 KPLS 方法的离心压缩机出口参数预测

自 20 世纪初以来，由于工作简单、效率高、操作可靠、维修方便等优点，离心式压缩机已广泛应用于工业、农业等诸多领域中。在任何包含离心压缩机的联合系统（如制冷循环或气体系统）的初始设计阶段中，离心压缩机的设计与非设计性能都至关重要。因此，为了更好地了解各种操作条件和环境因素对离心压缩机特性的影响，很多学者已经通过机理模型和实验进行了大量研究。

然而，开发如第 3 章所述的机理模型通常需要大量的时间和精力，而实验研究不仅耗时，而且价格昂贵，实验数据量庞大且难以处理。不需要复杂规则和精确程序，曲线拟合技术能够从大量实验或历史数据中找出多维信息域中的关键信息特征。目前已有学者进行了几次尝试，并将这些技术应用于涡轮机系统中。Lazzaretto 和 Toffolo[54]、Moraal 和 Kolmanovsky[55]、Bao 等[56]和 Yu 等[57]的研究展示了使用 ANN 对压缩机进行建模的可能性。Ghorbanian 和 Gholamrezaei[58, 59]在进行轴向压缩机性能预测时，对不同的人工神经网络方法进行了比较。Sanaye 等[60]提出了两种 ANN 模型和非线性回归模型，使用 SigmaPlot 9.0 来预测旋转叶片压缩机的主要规格。然而，神经网络的构建和训练非常复杂，神经网络能够逼近任何非线性函数，而需考虑输入变量之间的相关性。在实际应用中，压缩机入口参数之间存在很强的相关性，例如，入口温度和入口压力的变化导致入口密度和流量的波动。

KPLS 方法作为当前热门的多元统计分析技术，能够跟踪输入变量之间的相关性，算法简单可靠，所构建回归模型精确度高[61-64]。另外，通过使用不同的核函数，KPLS 方法可以处理各种非线性问题[64]。近年来，KPLS 方法已经广泛应用于化工过程建模和产品质量预测中。就作者的了解而言，目前几乎没有关于将KPLS 技术应用于离心压缩机建模的研究。

本节应用 KPLS 方法构建离心（涡轮）压缩机的性能预测模型。首先，分别从实际的燃气轮机发电厂和模拟试验中收集稳态压缩机的过程数据集。利用两个数据集来训练 KPLS 模型，用于预测离心压缩机的性能参数，如压比和效率。

将 KPLS 模型的预测性能与三层 BP 神经网络进行比较，实验结果表明，KPLS
模型的预测效果略好于 BP 神经网络。因此，基于 KPLS 方法的离心压缩机预测
模型精度高，能够有效跟踪压缩机性能曲线，有利于离心压缩机系统的初步设
计。值得注意的是，目前的工作没有处理由于时间衰减现象而导致的压缩机性
能恶化。

5.4.1　基于 KPLS 方法的性能预测方法

1）性能预测模型建模步骤

（1）利用变量的均值和方差将训练数据进行标准化处理，消除样本幅值对建
模的影响。

（2）对所给的标准化处理后的数据 $x_k \in \mathbf{R}^m$，$k = 1, \cdots, N$。利用如下公式计算
对应的核矩阵 $K \in \mathbf{R}^{N \times N}$：

$$K_{ij} = \langle \Phi(x_i), \Phi(x_j) \rangle = k(x_i, x_j) \tag{5.90}$$

（3）在特征空间中利用下式对数据进行中心化处理，使其满足 $\sum\limits_{k=1}^{N} \Phi(x_k) = 0$。

$$\tilde{K} = \left(I - \frac{1}{N} 1_N 1_N^{\mathrm{T}} \right) K \left(I - \frac{1}{N} 1_N 1_N^{\mathrm{T}} \right) \tag{5.91}$$

式中，$I = \begin{bmatrix} 1 & \cdots & 0 \\ \vdots & \ddots & \vdots \\ 0 & \cdots & 1 \end{bmatrix} \in \mathbf{R}^{N \times N}$，$1_N = \begin{bmatrix} 1 & \cdots & 1 \\ \vdots & \ddots & \vdots \\ 1 & \cdots & 1 \end{bmatrix} \in \mathbf{R}^{N \times N}$。

（4）利用 KPLS 方法计算回归系数矩阵：

$$B = \Phi^{\mathrm{T}} U (T^{\mathrm{T}} K U)^{-1} T^{\mathrm{T}} Y \tag{5.92}$$

（5）对训练采样数据 X，用下式计算性能指标的估计值：

$$\hat{Y} = \Phi B = \Phi \Phi^{\mathrm{T}} U (T^{\mathrm{T}} K U)^{-1} T^{\mathrm{T}} Y = K U (T^{\mathrm{T}} K U)^{-1} T^{\mathrm{T}} Y \tag{5.93}$$

（6）利用训练数据的均值和方差将预测数据 $\hat{Y}$ 进行恢复：

$$\tilde{Y} = \hat{Y} S_{\mathrm{r}} + Y_{\mathrm{mean}} \tag{5.94}$$

式中，$\tilde{Y}$ 为训练数据性能指标的实际值；Y_{mean} 和 S_{r} 分别为训练数据性能指标的
均值和方差[53, 65]。

2）在线性能预测和质量估计

（1）利用变量的均值和方差将在线获得的采样数据进行标准化处理，消除样本幅值对建模的影响。

（2）对所得到的标准化处理后的数据 $\boldsymbol{x}_t \in \mathbf{R}^m$，利用如下公式计算对应的核矩阵 $\boldsymbol{K}_t \in \mathbf{R}^{N_t \times N}$：

$$K_{tj} = \langle \boldsymbol{\varPhi}(\boldsymbol{x}_t), \boldsymbol{\varPhi}(\boldsymbol{x}_j) \rangle = k(\boldsymbol{x}_t, \boldsymbol{x}_j) \tag{5.95}$$

式中，$\boldsymbol{x}_t$ 为在线获得的测试数据，$\boldsymbol{x}_t \in \mathbf{R}^m$，$t = 1, \cdots, N_t$；$\boldsymbol{x}_j$ 为训练数据 $\boldsymbol{x}_j \in \mathbf{R}^m$，$j = 1, \cdots, N$。

（3）在特征空间中利用下式对在线数据进行中心化处理：

$$\tilde{\boldsymbol{K}}_t = \left(\boldsymbol{I} - \frac{1}{N} \mathbf{1}_N \mathbf{1}_N^{\mathrm{T}} \right) \boldsymbol{K}_t \left(\boldsymbol{I} - \frac{1}{N} \mathbf{1}_N \mathbf{1}_N^{\mathrm{T}} \right) \tag{5.96}$$

（4）利用在建模过程步骤（4）中获得的回归系数 $\boldsymbol{B}$，用下式计算质量变量的估计值 $\hat{\boldsymbol{Y}}_t$：

$$\hat{\boldsymbol{Y}}_t = \boldsymbol{\varPhi}_t \boldsymbol{B} = \boldsymbol{\varPhi}_t \boldsymbol{\varPhi}^{\mathrm{T}} \boldsymbol{U} (\boldsymbol{T}^{\mathrm{T}} \boldsymbol{K} \boldsymbol{U})^{-1} \boldsymbol{T}^{\mathrm{T}} \boldsymbol{Y} = \boldsymbol{K}_t \boldsymbol{U} (\boldsymbol{T}^{\mathrm{T}} \boldsymbol{K} \boldsymbol{U})^{-1} \boldsymbol{T}^{\mathrm{T}} \boldsymbol{Y} \tag{5.97}$$

（5）利用测试数据的均值和方差将质量预测数据 $\hat{\boldsymbol{Y}}_t$ 进行恢复：

$$\tilde{\boldsymbol{Y}}_t = \hat{\boldsymbol{Y}}_t S_{tr} + Y_{\mathrm{mean}} \tag{5.98}$$

5.4.2 离心压缩机出口参数预测研究

在本节中，KPLS 方法和 BP 神经网络对离心压缩机性能建模的能力在模拟研究和实际数据集中进行了评估。为了验证模型的预测能力，估计预测误差，即平均相对误差和均方根误差。

为了处理变量之间测量单位的差异，给予每个变量相等的权重，在建模之前，所有数据都是经典的均值居中和缩放到单位方差。每个模型都使用相同的训练和验证数据集，为了保证公平，每个模型都使用相同的训练和验证数据集。所有算法都在 MATLAB 7.6 中实现，反向传播算法通过使用神经网络工具箱实现[66]。

保留的潜变量的数量决定了 KPLS 模型的性能。在建立 KPLS 模型的过程中，我们应用均方根误差（RMSECV）的 5 倍交叉验证作为性能的度量，并且将 k 潜在变量的 RMSECV 定义为

$$\mathrm{RMSECV}_k = \sqrt{\frac{1}{N} \sum_{i=1}^n (y_i - y'_{-i})^2} \tag{5.99}$$

式中，y'_{-i} 为从没有第 i 个样本构建的模型中获得的预测值。对于某个特定网格的超参数的所有值，也可以计算出该度量值，并将导致最佳性能的参数作为最优调整参数 e 和潜变量数量 a。

　　在本节中，我们想演示当应用模拟研究时，KPLS 方法和 BP 神经网络的预测性能。我们生成了 100 个具有 5 个转速的样本，以训练 KPLS 方法和 BP 神经网络，为了模拟实际操作和测量环境，分别将噪声（5%）加到压力比和效率上。如果我们将所有训练样本绘制到一个图中，则能获得压缩器图，如图 5.6 所示。我们可以看到，这个压缩机图包含 5 条速度线（50000r/min、45000r/min、40000r/min、35000r/min 和 30000r/min）。生成具有 80 个样本和另外 4 个转速（47500r/min、42500r/min、37500r/min 和 32500r/min）的单独验证数据集，用于测试 KPLS 方法和 BP 神经网络，其也绘制在图 5.6 上。

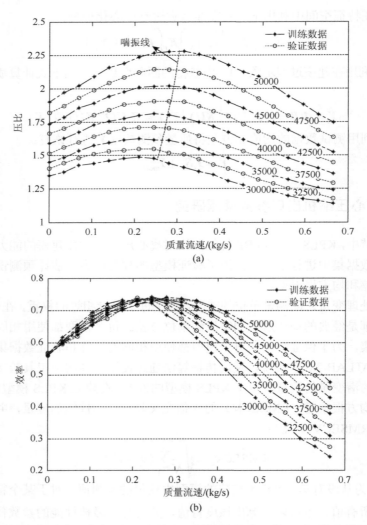

图 5.6　仿真研究中 KPLS 方法和 BP 神经网络的训练和验证数据集

应该强调的是，预测数据确定如下：首先，考虑训练数据可用的 5 条速度线（50000r/min、45000r/min、40000r/min、35000r/min 和 30000r/min），称为 I 型速度线型。利用这些训练数据训练了 KPLS 方法和 BP 神经网络。训练数据可用的 5 条速度线上的剩余点（类型 I）可以通过获得的模型进行插值（为了简单起见，这里不显示这些）。其次，考虑到可用的验证数据的另外 4 条速度线（47500r/min、42500r/min、37500r/min 和 32500r/min），称为 II 型速度线。然而，可以想到，每个 II 型速度线可以位于两条 I 型速度线之间，例如，具有 47500r/min 的 II 型速度线位于具有 50000r/min 的 I 型速度线和 45000r/min 的 I 型速度线之间，如图 5.6所示。因此，KPLS 方法和 BP 神经网络采用 I 型速度线的信息来预测 II 型线上的点，预测结果如图 5.7 所示。

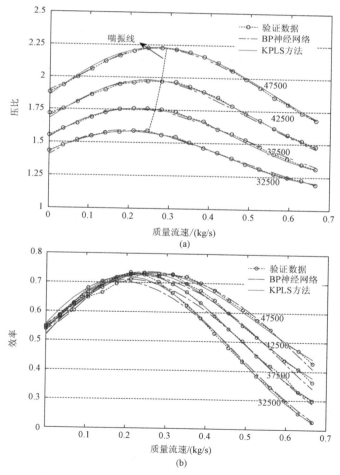

图 5.7 KPLS 方法和 BP 神经网络预测（a）压力比和（b）模拟研究中的效率曲线

为了确定宽度参数 e 和潜在变量（LV 的数量）a，基于 RMSECV 值的三维响应面已经在图 5.8 和图 5.9 中绘出。当该参数 e 和潜变量 a 的数量为 0.0011 和 2 时，该曲面图产生最优点。

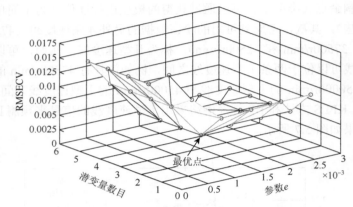

图 5.8　KPLS 方法的 RMSECV 值的三维曲面图

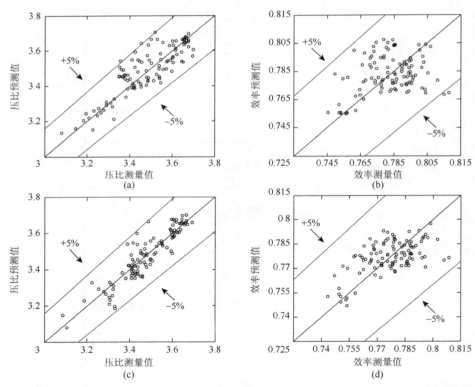

图 5.9　实际情况下 BP 神经网络（（a），（b））和 KPLS 方法（（c），（d））的压缩机压比和效率的预测值

从图 5.7 中我们可以看到，作为非线性技术，BP 神经网络和 KPLS 方法均可以平滑地预测压缩机性能图，非常有助于任何组合系统的初步设计，其中离心压缩机是这样的组件系统。另外，如表 5.4 所示，压力比和效率的 5 个隐藏神经元的 BP 神经网络预测分别得到了 0.56% 和 1.56% 的 MRE，RMSE 分别为 0.0112 和 0.0119。压力比和效率两个潜在变量的 KPLS 方法预测值分别为 0.41% 和 1.2%，RMSE 分别为 0.0090 和 0.0082。这些值表明，用于预测离心压缩机图的 KPLS 方法在该仿真研究中比 BP 神经网络具有略高的精度。

表 5.4　模拟研究预测结果汇总

	BP 神经网络		KPLS 方法	
	压力比	效率	压力比	效率
No. of NN or LVs	5		2	
e	—		0.0011	
MRE/%	0.56	1.56	0.41	1.20
RMSE	0.0112	0.0119	0.0090	0.0082

第二个数据集取自备用电厂。它由 3 个输入变量（入口温度/压力和质量流量）与 2 个输出变量（出口温度/压力）组成。压缩机压力比和效率通过压缩机的热动力学模型计算。众所周知，对于构建任何模型，通常，对模型进行训练的代表性样本子集的选择是非常重要的。进一步的验证子集是必要的，以评估模型的性能。理论上，仅当验证子集具有与训练子集相同的分布时，评估才有效。因此，使用 SPXY（基于联合 x-y 距离的样本集划分）算法[67]对所考虑的实例数据集的所有样本进行排序，并将 109 个样本作为训练数据，并使用 108 个样本作为验证数据。

表 5.5 总结了 BP 神经网络和 KPLS 方法对验证数据的预测误差结果。有 8 个隐藏神经元，BP 神经网络显示 MRE = 1.44% 的结果，压力比的 RMSE = 0.0631，效率的 MRE = 1.47%，RMSE = 0.0138。当使用 KPLS 方法时，具有一个潜在变量的预测结果略有改善，压力比的 MRE 和 RMSE 分别降低到 1.25% 和 0.0571，效率的 MRE 和 RMSE 分别降低到 1.18% 和 0.0112。

表 5.5　真实案例研究预测结果汇总

	BP 神经网络		KPLS 方法	
	压力比	效率	压力比	效率
No. of NN or LVs	8		1	
e	—		2	
MRE/%	1.44	1.47	1.25	1.18
RMSE	0.0631	0.0138	0.0571	0.0112

为了更好地了解数据集的趋势，我们检查了图 5.9 中验证数据集的测量结果和预测结果之间的关系。在这种情况下，如果模型完美符合数据，则数据将落在对角线上。为了评估图中 BP 神经网络和 KPLS 方法预测的准确性，每个图提供一条直线（指示完美预测）和±5%相对误差带。从图 5.9 中我们可以看到，由于（a）、（b）、（c）和（d）中的数据几乎落在对角线上，所以 BP 神经网络和 KPLS 方法都可以适当地适应数据。然而，仔细检查显示，图 5.9（a）和（b）中的一些个别点，BP 神经网络的预测结果超过了±5%的相对误差带。相反，所有的点都保持在图 5.9（c）和（d）的 KPLS 方法的预测结果的±5%相对误差范围内。

因此，结果表明，在真实案例研究中，用于预测离心压缩机输出变量的 KPLS 方法具有比 BP 神经网络更好的性能。

参 考 文 献

[1] 厉勇，王丽荣，李斌. 基于修正的离心压缩机性能的模糊建模方法[J]. 化工自动化及仪表，2010，（6）：32-34 + 38.

[2] 黄胜忠. 基于 RBF 神经网络的离心压缩机的性能预测研究[J]. 煤矿机械，2011，（1）：64-66.

[3] Podevin P，Clenci A，Descombes G. Influence of the lubricating oil pressure and temperature on the performance at low speeds of a centrifugal compressor for an automotive engine[J]. Applied Thermal Engineering，2011，31(2-3)：194-201.

[4] 清华大学工程力学系流体力学教研组. 离心式压缩机三元流动分析的流体力学基础（一）[J]. 化工与通用机械，1975，（7）：39-51.

[5] MacGregor J F，Jackle C，Kiparissides C. Process monitoring and diagnosis by multiblock PLS methods[J]. AIChE Journal，1994，40（5）：826-838.

[6] Mejdell T，Skogestad S. Estimation of distillation compositions from multiple temperature measurements using partial-least-squares regression[J]. Industrial & Engineering Chemical Research，1991，30（12）：2543-2555.

[7] Plovoso M J，Kosanovich K A. Application of multivariate statistical methods to process monitoring and controller design[J]. International Journal of Control，1994，59（3）：743-756.

[8] 李春富.基于数据的软测量建模方法及其应用研究[D]. 北京：清华大学，2004.

[9] Rosipal R，Trejo L J. Kernel partial least squares regression in reproducing kernel hilbert space[J]. Journal of Machine Learning Research，2002，2（6）：97-123.

[10] Haykin S. Neural Network[M]. Englewood Cliffs：Prentice Hall，1999.

[11] Lee D S，Lee M W，Woo S H，et al. Multivariate online monitoring of a full-scale biological anaerobic filter process using kernel-based algorithms[J]. Industrial & Engineering Chemistry Research，2006，45（12）：4335-4344.

[12] Rosipal R，Trejo L J，Matthews B. Kernel PLS-SVC for linear and nonlinear classification[C]. Proceedings of the Twentieth International Conference on Machine Learning（ICML-2003），Washington DC，2003：640-647.

[13] Kim K，Lee J M，Lee L B. A novel multivariate regression approach based on kernel partial least squares with orthogonal signal correction[J]. Chemometrics and Intelligent Laboratory Systems，2005，79（1-2）：22-30.

[14] 土华忠.核函数方法及其在过程建模与故障诊断中的应用研究[D]. 上海：华东理工大学，2004.

[15] Genton M G. Classes of kernels for machine learning：A statistical perspective[J]. Journal of Machine Learning

Research, 2001, 2 (12): 299-312.

[16] Wold S, Sjöström M, Eriksson L. PLS-regression: A basic tool of chemometrics[J]. Chemometrics and Intelligent Laboratory Systems, 2001, 58 (2): 109-130.

[17] Rosipal R, Trejo L J. Kernel partial least squares regression in reproducing kernel hilbert space[J]. J. Mach. Learn. Res., 2002, 2: 97-123.

[18] Qin S J, McAvoy T J. Nonlinear PLS modeling using neural networks[J]. Computers & Chemical Engineering, 1992, 16 (4): 379-391.

[19] Baffi G, Martin E B, Morris A J. Non-linear projection to latent structures revisited: The neural network PLS algorithm [J]. Computers & Chemical Engineering, 1999, 23 (9): 1293-1307.

[20] Baffi G, Martin E B, Morris A J. Non-linear projection to latent structures revisited: The quadratic PLS algorithm[J]. Computers & Chemical Engineering, 1999, 23 (3): 395-411.

[21] Baffi G, Martin E B, Morris A J. Non-linear dynamic projection to latent structures modelling[J]. Chemometrics and Intelligent Laboratory Systems, 2000, 52 (1): 5-22.

[22] Kohonen J, Reinikainen S P, Aaljoki K, et al. Non-linear PLS approach in score surface[J]. Chemometrics and Intelligent Laboratory Systems, 2009, 97 (2): 159-163.

[23] Durand J F. Local polynomial additive regression through PLS and splines: PLSS[J]. Chemometrics and Intelligent Laboratory Systems, 2001, 58 (2): 235-246.

[24] Schölkopf B, Smola A, Müller K R. Nonlinear Component Analysis as a Kernel Eigenvalue Problem[J]. Neural Computation, 1998, 10 (5): 1299-1319.

[25] Walczak B, Massart D L. The radial basis functions—Partial least squares approach as a flexible non-linear regression technique[J]. Analytica Chimica Acta, 1996, 331 (3): 177-185.

[26] Walczak B, Massart D L. Local modelling with radial basis function networks[J]. Chemometrics and Intelligent Laboratory Systems, 2000, 50 (2): 179-198.

[27] Jong S D. SIMPLS: An alternative approach to partial least squares regression[J]. Chemometrics and Intelligent Laboratory Systems, 1993, 18 (3): 251-263.

[28] Dayal B S, MacGregor J F. Improved PLS algorithms[J]. Journal of Chemometrics, 1997, 11 (1): 73-85.

[29] Krishnan A, Williams L J, McIntosh A R, et al. Partial Least Squares (PLS) methods for neuroimaging: A tutorial and review[J]. NeuroImage, 2011, 56 (2): 455-475.

[30] Jia R D, Mao Z Z, Chang Y Q, et al. Kernel partial robust M-regression as a flexible robust nonlinear modeling technique[J]. Chemometrics and Intelligent Laboratory Systems, 2010, 100 (2): 91-98.

[31] Daszykowski M, Kaczmarek K, Heyden Y V, et al. Robust statistics in data analysis—A review: Basic concepts[J]. Chemometrics and Intelligent Laboratory Systems, 2007, 85 (2): 203-219.

[32] Huang W H, Fang K L, Zhang Z. H∞ stability analysis of Mamdani system based on fuzzy Lyapunov function [J]. Journal of Central South University: Science and Technology, 2011, 42 (1): 314-319.

[33] Lam H K, Li H Y, Deters C, et al. Control design for interval type-2 fuzzy systems under imperfect premise matching[J]. IEEE Transactions on Industrial Electronics, 2014, 61 (2): 956-968.

[34] Serneels S, Croux C, Filzmoser P, et al. Partial robust M-regression [J]. Chemometrics and Intelligent Laboratory Systems, 2005, 79: 55-64.

[35] Chiu S L. Fuzzy model identification based on cluster estimation [J]. Journal of Intelligent and Fuzzy Systems, 1994, 2: 267-278.

[36] 贾润达. 基于紧连控制阀的离心式压缩机防喘振控制[D]. 大连: 大连理工大学, 2006.

[37]　王立新. 模糊系统与模糊控制[M]. 北京：清华大学出版社，2003.

[38]　Wang L X, Mendel J M. Fuzzy basis functions, universal approximation, and orthogonal least-squares Learning[J]. IEEE Transaction on Neural Networks, 1992, 3（5）：807-814.

[39]　Wold S, Sjöström M, Eriksson L. PLS-regression：A basic tool of chemometrics[J]. Chemometrics and Intelligent Laboratory Systems, 2001, 58（2）：109-130.

[40]　Xu Q S, Liang Y Z. Monte Carlo cross validation[J]. Chemometrics and Intelligent Laboratory Systems, 2001, 56（1）：1-11.

[41]　Chiu S. Fuzzy model identification based on cluster estimation[J]. Journal of Intelligent & Fuzzy Systems, 1994, 2（3）：268-272.

[42]　Yen J, Wang L. Simplifying fuzzy rule-based models using orthogonal transformation methods[J]. IEEE Transactions on Systems, Man, and Cybernetics-Part B: Cybernetics, 1999, 29（1）：13-24.

[43]　Chu F, Wang F L, Wang X G, et al. Performance modeling of centrifugal compressor using kernel partial least squares[J]. Applied Thermal Engineering, 2012, 44：90-99.

[44]　Chu F, Wang F L, Wang X G, et al. A hybrid artificial neural network-mechanistic model for centrifugal compressor [J]. Neural Computing and Application, 2014, 24：1259-1268.

[45]　Chu F, Wang F L, Wang X G, et al. A model for parameter estimation of multistage centrifugal compressor and compressor performance analysis using genetic algorithm[J]. Science China（Technological Sciences）, 2012, 55（11）：3163-3175.

[46]　Chu F, Ma X P, Wang F L, et al. Novel robust approach for constructing Mamdani-type fuzzy system based on PRM and subtractive clustering algorithm[J]. Journal of Central South University, 2015, 22（7）：2620-2628.

[47]　张曦.基于统计理论的工业过程综合性能监控、诊断及质量预测方法研究[D].上海：上海交通大学，2008.

[48]　Vapnik V N. An overview of statistical learning theory[J]. IEEE Transactions on Neural Network, 1999, 10（5）：988-999.

[49]　Genton M G. Classes of kernels for machine learning：A statistical perspective[J]. Journal of Machine Learning Research, 2001, 2（12）：299-312.

[50]　阎威武.支持向量机理论、方法和应用研究[D].上海：上海交通大学，2004.

[51]　土华忠，俞金寿.基于混合核函数 PCR 方法的工业过程软测量建模[J]. 化工自动化及仪表，2005，32（2）：23-25.

[52]　Lee D S, Lee M W, Woo S H, et al. Multivariate online monitoring of a full-scale biological anaerobic filter process using kernel-based algorithms [J]. Ind. Eng. Chem. Res., 2006, 45：4335-4344.

[53]　何宁. 基于 ICA-PCA 方法的流程工业过程监控与故障诊断研究[D]. 浙江：浙江大学，2004.

[54]　Lazzaretto A, Toffolo A. Analytical and neural network models for gas turbine design and off-design simulation[J]. International Journal of Thermodynamics, 2010, 4（4）：173-182.

[55]　Moraal P, Kolmanovsky I. Turbocharger modeling for automotive control application[J]. SAE Transactions, 1999, 108：1324-1338.

[56]　Bao C, Ouyang M G, Yi B L. Modeling and optimization of the air system in polymer exchange membrane fuel cell systems[J]. Journal of Power Sources, 2006, 156（2）：232-243.

[57]　Yu Y, Chen L, Sun F, et al. Neural-network based analysis and prediction of a compressor's characteristic performance map[J]. Journal of Applied Energy, 2007, 84（1）：48-55.

[58]　Ghorbanian K, Gholamrezaei M. Neural network modeling of axial flow compressor off-design performance[C]//10th Fluid Dynamic Conference, Yazd, Iran, 2006.

[59]　Ghorbanian K，Gholamrezaei M. Neural network modeling of axial flow compressor performance map[C]//45th AIAA Aerospace Science Meeting and Exhibit，Reno，USA，2006.

[60]　Ghorbanian K，Gholamrezaei M. Axial compressor performance map prediction using artificial neural network[C]. ASME Turbo Expo，GT2007-27165，Montreal，Canada，2007.

[61]　Sanaye S，Dehghandokht M，Mohammadbeigi H，et al. Modeling of rotary vane compressor applying artificial neural network[J]. International Journal of Refrigeration，2011，34：764-772.

[62]　Zhao C H，Yao Y，Gao F R，et al. Statistical analysis and online monitoring for multimode processes with between-mode transitions[J]. Chemical Engineering Science，2010，65：5961-5975.

[63]　Jia M X，Chu F，Wang F L，et al. On-line batch process monitoring using batch dynamic kernel principal component analysis[J]. Chemometrics and Intelligent Laboratory Systems，2010，101（2）：110-122.

[64]　Zhang Y W，Teng Y D. Process data modeling using modified kernel partial least squares[J]. Chemical Engineering Science，2010，65：6353-6361.

[65]　Jia R D，Mao Z Z，Chang Y Q，et al. Kernel partial robust M-regression as a flexible robust nonlinear modeling technique[J]. Chemometrics and Intelligent Laboratory Systems，2010，100：91-98.

[66]　Zhang Y W，Teng Y D，Zhang Y. Complex process modifies kernel partial least squares[J]. Chemical Engineer Science，quality prediction using，2010，65：2153-2158.

[67]　Chu F，Wang F，Wang X，et al. Performance modeling of centrifugal compressor using kernel partial least squares[J]. Applied Thermal Engineering，2012，44（44）：90-99.

[68]　González J，Peña D，Romera R. A robust partial least squares regression method with applications[J]. Journal of Chemometrics，2009，23：78-90.

6　基于人工神经网络的离心压缩机建模

在离心压缩机的设计、实验和运行中，常需要了解其变工况性能。性能曲线就是刻画离心压缩机变工况性能的一类曲线。但通常人们只能通过实验或换算获得其中最重要的几条。目前，获得性能曲线的主要途径是实验测量或以已有数据为基础的性能换算。前者是一种对机器性能进行实测的直接方法，得到的曲线虽真实可靠，但实验费用昂贵。后一种办法是根据模型机器的已有数据，或者实际机器少量的实验数据，在一定的相似性假设下，对性能进行换算。这一方法虽可减少实验，但它过分依赖于相似性假设的准确性及被满足的程度。通常情况下，换算所得的结果只能保证已知数据附近的准确预测，远离该数据点的预测则往往与实际差别较大，甚至很不相符。因此，既经济又完整可靠地获得性能曲线是离心压缩机研究和设计工作者长期以来追求的目标。本章将介绍三种利用人工神经网络技术进行离心压缩机性能预测的新方法。

人工神经网络技术是一种全新的模拟人脑功能的信息处理系统。它主要借鉴了人脑神经系统处理信息的过程，以数学网络拓扑为理论基础，以大规模并行性、高度的容错能力以及自适应、自学习、自组织等功能为特征，集信息、加工与存储一体化，具有广泛的应用前景。人工神经网络的研究涉及计算机科学、控制论、信息科学、微电子学、心理学、认知科学、物理学、数学与力学等学科。作为智能控制的一个分支，人工神经网络以其独特的非传统表达方式和固有的学习能力引起了控制界的广泛关注[1]。

神经网络的发展已有半个世纪之久。1943 年，McCulloch 和 Pitts 合作建立了第一个神经网络的数学模型，即著名的 MP 神经元模型。1949 年，Hebb 定义了第一个学习规则，称为 Hebb 学习规则。1957 年，Rosenblatt 推广了 M-P 模型，首次引进了感知器（perceptron）概念，从而掀起了神经网络研究的第一次高潮。同时，Widrow 等提出了 Adaline 网络，并推广到 Madaline 网络。20 世纪 60 年代中期，Minsky 和 Papert 在 *Perceptron* 一书中指出了感知机的局限性，同时由于基于符号的人工智能技术迅速发展，使许多研究人员将注意力从神经网络研究转移开来。20 世纪 70 年代到 80 年代初期，一些科学家仍坚持在神经网络领域进行研究，并取得了一些重要成果，如 Grossbery 提出自适应共振理论，Kohonen 提出的自组织映射理论，Fukushima 提出了认知机（recognition）模型等，其中 Werbos 提出的误差反向传播（back propagation，BP）学习算法，是迄今影响最大、使用最多的网络学习算法。这些开创性的研究工作为神经网络的进一步发展奠定了基础。

1982 年和 1984 年,Hopfield 提出了离散回归神经网络模型和连续回归神经网络模型,引入了能量函数,给出了网络稳定性判据,并给出了连续模型的放大器电路实现。这一突破性的工作标志着神经网络研究高潮的重新兴起。1986 年,Rumelhart 和 McClelland 等提出并行分布处理,重新发现并改进了 BP 算法[2]。正是这些重要的研究成果唤起了人们对人工神经网络的研究热情,大量的理论与应用研究成果涌现在各种刊物,包括物理、心理、电子、计算机、自动化、数学等不同知识背景的研究人员加入了研究行列,促进了这一领域的迅猛发展。人工神经网络的应用研究很快渗透到各个领域,并在信号处理、智能控制、模式识别、故障诊断、机器人视觉、非线性优化、知识处理等方面取得了令人鼓舞的进展。随着人工神经网络研究队伍的急剧壮大,各国政府竞相投资,有关人工神经网络的国际学术会议定期召开,国际学术刊物陆续出版,国际学术组织纷纷建立,这些都标志着人工神经网络研究高潮的到来。近二十余年来,有关人工神经网络的理论与应用研究仍方兴未艾,如火如荼。

6.1　基于 BP 神经网络的离心压缩机建模

神经网络以其拓扑结构不同,可以实现不同的计算功能。应用神经网络进行离心压缩机的性能预测,是利用其函数逼近特性。而在众多具有函数逼近特性的神经网络结构模型中,反向传播网(BP 网)模型是最具代表性的一种。该模型因其优良的函数逼近特性而被喻为"万能逼近器",因此选用该网络模型进行离心压缩机的性能预测。

BP 算法的基本思想是,学习过程由信号的正向传播与误差的反向传播两个过程组成。正向传播时,输入样本从输入层传入,经过各隐含层逐层处理后,传向输出层。若输出层的实际输出与期望的输出不相等,则转到误差的反向传播阶段。误差反向传播是将输出误差以某种形式通过隐含层逐层反传,并将误差分摊给各层的所有神经元,从而获得各层神经元的误差信号,此误差信号即作为修正各神经元权值的依据。这种信号正向传播与误差反向传播的各层权值调整过程是周而复始地进行的。权值不断调整的过程,也就是网络的学习训练过程。此过程一直进行到网络输出的误差减少到可接受的程度,或进行到预先设定的学习时间,或进行到预先设定的学习次数为止。

为了解决 BP 神经网络过早收敛、容易陷入局部极小值等缺点,引入了粒子群优化算法(particle swarm optimization,PSO)来进行优化,二者结合起来,提高了模型精度和收敛速度,对机理模型与基于 BP 神经网络的混合模型进行了仿真比较,验证了该模型的有效性。

6.1.1　BP 神经网络的基本原理

1986 年，D. E. Rumelhart 和 J. L. McClelland 提出了一种利用误差反向传播训练算法的神经网络，简称 BP 网络[3]。BP 神经网络是一种有隐含层的多层前馈型网络，其基本算法流程如图 6.1 所示。

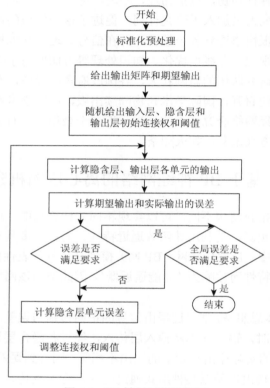

图 6.1　BP 神经网络流程图

　　BP 神经网络的基本原理是梯度下降法，其中心思想是调整权值使网络总误差最小，也就是采用梯度搜索技术，以期使网络的实际输出值与期望输出值的误差均方值为最小。其网络学习过程是一种误差边向后传播边修正权系数的过程，如图 6.2 所示。

6.1.1.1　数据归一化处理

　　BP 神经网络建模训练数据利用第 3 章数据预处理得到的 1500 多组数据。由于数据的数量级和量纲的不统一，在网络训练过程中，其输入、输出应控制在 0、1 之间，以使结点不至于迅速进入饱和状态而无法继续学习，因此输入、输出量应进行归一化处理。

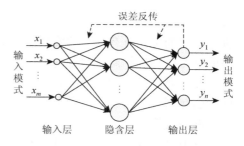

图 6.2　BP 神经网络结构

在本书中采用最常见的极差归一化方法。

对于观测值矩阵 X，极差归一化变换后的矩阵为

$$x_{ij} = \frac{x_{ij} - \min\limits_{1 \leqslant k \leqslant n} x_{kj}}{\max\limits_{1 \leqslant k \leqslant n} x_{kj} - \min\limits_{1 \leqslant k \leqslant n} x_{kj}} \tag{6.1}$$

式中，$\min\limits_{1 \leqslant k \leqslant n} x_{kj}$ 为变量 X_j 观测值的最小值；$\max\limits_{1 \leqslant k \leqslant n} x_{kj} - \min\limits_{1 \leqslant k \leqslant n} x_{kj}$ 为变量 X_j 观测值的极差。经过极差归一化变换后，矩阵 X 的每个元素的取值均在 0~1。

6.1.1.2　BP 神经网络结构的确定

对于 BP 神经网络，有一个非常重要的定理，即对于任何在闭区间内的一个连续函数都可以用单隐含层的 BP 神经网络逼近[4]，因而一个三层 BP 神经网络就可以完成任意的 n 维到 m 维的映射。

隐含层的神经元数目选择是一个十分复杂的问题，往往需要根据设计者的经验和多次实验来确定，因而不存在一个理想的解析式来表示。隐含层单元的数目与问题的要求、输入/输出单元的数目都有着直接的关系。隐含层单元数目太多会导致学习时间过长、误差不一定最佳，也会导致容错性差、不能识别以前没有看到的样本，因此一定存在一个最佳的隐单元数。以下 3 个公式用于选择最佳隐含层单元数时的参考公式[4]。

（1）$2m+1$，式中，m 为输入神经元数。

（2）$\sqrt{n+m}+a$，式中，m 为输入神经元数；n 为输出神经元数；a 为 [1,10] 之间的常数。

（3）$\log_2 n$，式中，n 为输入神经元数。

6.1.2　基于 PSO 的 BP 神经网络模型优化

由于多层前馈型神经网络具有很强的分类能力，既能解决单层感知器所不能解决的经典异或问题，又能够实现任意连续函数的逼近问题，因此，研究前馈型神经网络的优化具有很大的实际意义。BP 神经网络是典型的前馈型神经网络，网络的学习过程包括网络内部的前向计算和误差的反向传播计算，但它的收敛速度慢，而且对网络初始权值、自身的学习速率和动量等参数极为敏感，稍小的变动就会引起网络振荡。这些参数需要通过不断训练才能逐步固定，而过度的训练会提高网络的拟合性，其中不可避免地包含各种特殊样本的信息以及噪声，最终导致"过拟合"现象的发生，从而影响网络的泛化能力。许多实际问题往往表现为极其复杂的多维曲面，存在多个局部极值点，而 BP 算法基于梯度信息来调整连接权值，因而极易陷入局部极值点。

作为一种简单、有效的随机搜索算法，PSO 同样可用来优化神经网络。PSO 具有收敛速度快、鲁棒性高、全局搜索能力强，用它来优化神经网络的连接权值和阈值，可以较好地克服 BP 神经网络的问题，不仅能发挥神经网络的泛化能力，而且能够提高神经网络的收敛速度和学习能力。尽管这一方面的研究尚处于初期阶段，但是已有的研究成果表明 PSO 在优化神经网络方面具有很大的潜力[5-9]。

6.1.2.1　PSO 基本原理简介

PSO 具有进化计算和群智能的特点。起初 Kennedy 和 Eberhart 只是设想模拟鸟群觅食的过程，后来从这种模型中得到启示，并将 PSO 用于解决优化问题。与其他进化算法相类似，PSO 也是通过个体间的协作与竞争，实现复杂空间中最优解的搜索。

PSO 中，每一个优化问题的解看作搜索空间中的一只鸟，即"粒子"。首先生成初始种群，即在可行解空间中随机初始化一群粒子，每个粒子都为优化问题的一个可行解，并由目标函数为之确定一个适应度值。每个粒子都将在解空间中运动，并由运动速度决定其飞行方向和距离。通常，粒子将追随当前的最优粒子在解空间中搜索。在每一次迭代中，粒子将跟踪两个"极值"来更新自己，一个是粒子本身找到的最优解，另一个是整个种群目前找到的最优解，这个极值即全局极值。

PSO 可描述为：设粒子群在一个 n 维空间中搜索，由 m 个粒子组成种群 $X = \{X_1, X_2, \cdots, X_m\}$，其中的每个粒子所处的位置 $X_i = \{x_{i1}, x_{i2}, \cdots, x_{in}\}$ 都表示问题的一个解。粒子通过不断调整自己的位置 X_i 来搜索新解。每个粒子都能记住自己搜索到的最好解，记做 p_{id}，也就是粒子 i 所经历过的具有最好适应度的位置。对于最小化问题，目标函数值越小，对应的适应度越好。

设 $f(X)$ 为最小化目标函数，则粒子 i 的当前最好位置由下式确定：

$$p_{id}(t+1) = \begin{cases} p_{id}(t), & f(X_i(t+1)) \geqslant f(p_{id}(t)) \\ X_i(t+1), & f(X_i(t+1)) < f(p_{id}(t)) \end{cases} \qquad (6.2)$$

整个粒子群经历过的最好的位置，即目前搜索到的最优解，记做 p_{gd}，称为全局最好位置，则

$$p_{gd} \in \{p_{1d}(t), p_{1d}(t), \cdots, p_{md}(t)\} | f(p_{gd}(t)) = \min\{f(p_{1d}(t)), f(p_{2d}(t)), \cdots, f(p_{md}(t))\}$$

$$\qquad (6.3)$$

此外，每个粒子都有一个速度，记做 $V_i = \{v_{i1}, v_{i2}, \cdots, v_{in}\}$，当两个最优解都找到后，每个粒子根据式（6.4）来更新自己的速度，根据式（6.5）来更新自己的位置。

$$v_{id}(t+1) = v_{id}(t) + c_1 r_1(p_{id} - x_{id}(t)) + c_2 r_2(p_{gd} - x_{id}(t)) \qquad (6.4)$$

$$x_{id}(t+1) = x_{id}(t) + v_{id}(t+1) \qquad (6.5)$$

式中，$v_{id}(t+1)$ 为第 i 个粒子在 $t+1$ 次迭代中第 d 维上的速度；c_1，c_2 为加速常数；r_1，r_2 为 $0 \sim 1$ 的随机数。

此外，为使粒子速度不致过大，可设置速度上限 v_{max}，即当式（6.4）中 $v_{id}(t+1) > v_{max}$ 时，$v_{id}(t+1) = v_{max}$；$v_{id}(t+1) < -v_{max}$ 时，$v_{id}(t+1) = -v_{max}$。

从式（6.4）和式（6.5）可以看出，粒子的移动方向由三部分决定：自己原有的速度 $v_{id}(t)$，与自己最佳经历的距离 $p_{id} - x_{id}(t)$，与群体最佳经历的距离 $p_{gd} - x_{id}(t)$，并分别由权重系数 c_1，c_2 决定其相对重要性。

在式（6.4）中，其 $v_{id}(t)$ 为粒子先前的速度；其 $c_1 r_1(p_{id} - x_{id}(t))$ 为"认知"部分，因为它仅考虑了粒子自身的经验，表示粒子本身的思考。如果基本 PSO 的速度进化方程仅包含认知部分，即

$$v_{id}(t+1) = c_1 r_1(p_{id} - z_{id}(t)) \qquad (6.6)$$

则其性能变差。主要原因是不同的粒子间缺乏信息交流，即没有社会信息共享，粒子间没有交互，使得一个规模为 N 的群体等价于运行了 N 的单个粒子，因而得到最优的概率非常小。

式（6.4）的 $c_2 r_2(p_{gd} - x_{id}(t))$ 为"社会"部分，表示粒子间的社会信息共享。若速度进化方程中仅包含社会部分，即

$$v_{id}(t+1) = c_2 r_2(p_{gd} - z_{id}(t)) \qquad (6.7)$$

则粒子没有认知能力，也就是只有"社会"的模型。这样，粒子在相互作用下，

有能力到达探索空间，虽然它的收敛速度比基本 PSO 更快，但对于复杂问题，则容易陷入局部最优点[10]。

PSO 的基本流程如下[11]：

步骤 1：初始化。设定学习常数 c_1 和 c_2，最大进化代数 T_{max}，并将当前进化代数设置为 $t=1$。在寻优空间 $\mathbf{R}^n$ 中随机初始化种群粒子的初始位置 $X^1 = \{x_1^1, x_2^1, \cdots, x_m^1\}$ 和初始速度 $V^1 = \{v_1^1, v_2^1, \cdots, v_m^1\}$。

步骤 2：评价种群中所有粒子，将当前各粒子的位置和目标值存储于各粒子的 Pbest 中，将所有 Pbest 中目标值最优个体的位置和目标值存储于 Gbest 中。

步骤 3：按式（6.4）和式（6.5）更新各个粒子的速度和位置。

步骤 4：评价种群中所有粒子。

步骤 5：比较种群中每个粒子当前目标值与其 Pbest 的目标值。若当前目标值更优，则用粒子当前位置和目标更新其 Pbest。

步骤 6：比较当前所有 Pbest 和 Gbest 的目标值，更新 Gbest。

步骤 7：若终止准则满足，则输出 Gbest 及其目标值并停止算法，否则转向步骤 3。

6.1.2.2　优化模型

本书 PSO 改进的神经网络预测模型分为三个部分：①确定 BP 神经网络结构。②PSO 对 BP 神经网络权值和阈值进行优化。PSO 中每个粒子均由网络的全部权值和阈值组成，粒子的选择由群体极值来决定。根据适应度值对个体极值和群体极值不断更新，最后得到最优群体极值对应的粒子。③BP 神经网络预测。把选出的适应度最好的个体的值作为相应的 BP 神经网络的连接权值和阈值。用优化后的网络进行预测，求得更精确的预测值。算法具体过程如图 6.3 所示。

1）种群初始化

对粒子进行编码，采用真值编码。粒子通过真值编码转变为一个实数串。这个实数串由 BP 神经网络的全部连接权值和阈值构成，也即 BP 神经网络的全部权值和阈值蕴含在每个粒子中。

初始化参数[12]包括种群规模 M，粒子维度 D，权重因子权重 w，学习因子 c_1 和 c_2 最大速度 V_{max}，最大迭代次数 T_{max}。这里，粒子的位置和速度采用随机生成的方式来进行初始化。首先由产品质量合格率、时间序列、输入输出向量个数等确定 BP 神经网络结构，然后对粒子群参数进行初始化，并随机生成一个种群 $W_i = (w_{i1}, w_{i2}, \cdots, w_{is})^{\mathrm{T}}$，$i = 1, 2, \cdots, n$。这个种群就是 BP 神经网络的权值和阈值，其中

$$S = RS_1 + S_1 S_2 + S_1 + S_2 \qquad (6.8)$$

式中，R、S_1 和 S_2 分别为 BP 神经网络输入层结点数、隐含层结点数和输出层结点数。

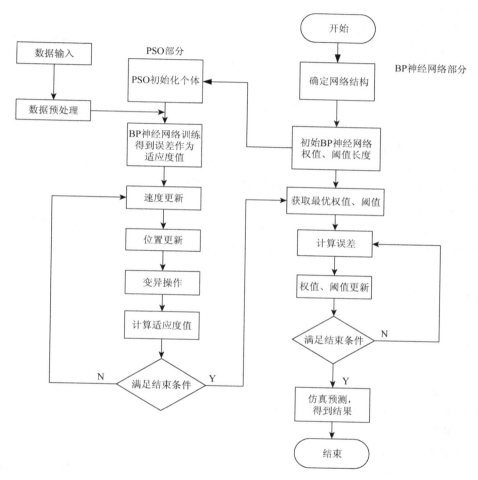

图 6.3　PSO 优化 BP 神经网络流程图

2）确定适应度函数

由上步随机生成 BP 神经网络的初始权值和阈值，然后通过训练数据对建立好的 BP 神经网络进行训练。我们令种群 W 中个体 W_i 的适应度值 fit_i 等于网络训练实际输出值与训练期望输出值的误差绝对值和，公式表示为

$$\text{fit}_i = \sum_{j=1}^{n} \text{abs}(\hat{y}_j - y_j), \quad i = 1, 2, \cdots, M \tag{6.9}$$

式中，$\hat{y}_j$ 为第 i 个节点的训练实际输出值；y_j 为第 i 个节点的训练期望输出值；n 为网络输出节点数；M 为种群规模。

3）寻找初始极值

根据上步中定义的适应度函数，计算每个初始粒子的适应度值，然后通过适应度值求出粒子的初始个体极值和群体极值。

4）粒子位置和速度更新

在每一次循环迭代中，把个体极值和群体极值代入式（6.4）和式（6.5），可以得到更新的粒子速度和粒子位置。

5）个体极值和群体极值更新

通过上步得到的更新的粒子速度和粒子位置可以计算出新粒子适应度值，再根据新种群粒子适应度值粒子个体极值和群体极值进行更新。

6）神经网络赋值预测

把迭代寻优得到的最优解赋给 BP 神经网络的连接权值和阈值，并用优化的 BP 神经网络对产品质量合格率时间序列进行预测。

6.1.3　应用研究

6.1.3.1　离心压缩机数据预处理

数据预处理一般主要包括数据校正、数据集成和数据归约[13]。数据校正是处理数据中的遗漏和清洗噪声数据；数据集成将多数据源中的数据进行合并处理，解决语义模糊性并整合成一致的数据进行存储；数据归约则是辨别出需要的数据集合，缩小处理范围。

本节仍采用宝钢集团有限公司联合循环发电机组煤气系统低压段离心压缩机作为应用对象。宝钢集团有限公司现场提供的过程数据是从 2008 年到 2010 年 5 月份，总共大小在 500G 左右。在如此庞大的数据中，要求选取对建立压缩机模型有实用价值的数据。由于 DCS 系统中所读取的数据为 PLC 输出的数据，所以过程数据已经经过了噪声滤波，在接下来的数据预处理中并没有考虑噪声的影响。过程数据的预处理主要分为三步：第一步主要是排除压缩机启动和停机等非正常数据；第二步是将 DCS 读取的数据转换成能够读取利用的数据；第三步是选取稳定工况的数据。

本次实验采用了 3.3.2.3 节筛选的数据，即 100 多组参数辨识数据和 127 组测试数据。

6.1.3.2 BP 神经网络训练结果分析

本书采用 MATLAB 仿真的方式对神经网络进行模拟和训练。通过上述分析确定网络设计为一个两层的 BP 神经网络。由于输入向量的维数为 8，因此该网络输入层的神经元数为 8 个；而输出向量的维数为 1，所以输出层的神经元个数为 1 个；因为没有准确的隐单元数公式，所以综合了上面 3 种参考公式，取隐含层单元数范围在[3,20]。定义均方误差 MSE：

$$\text{MSE} = \frac{1}{n}\sum_{i=1}^{n}(\hat{y}_i - y_i)^2 \qquad (6.10)$$

不同隐含层单元数对应的 MSE 见表 6.1。

表 6.1　不同隐含层单元数对应的 MSE

隐含层单元数	MSE	隐含层单元数	MSE
3	0.8488	12	0.3730
4	0.3601	13	0.3596
5	2.1049	14	0.2586
6	0.3603	15	0.3773
7	0.3650	16	0.6564
8	0.3668	17	0.1772
9	2.1050	18	2.1084
10	0.2496	19	0.2489
11	0.8852	20	0.3667

由表 6.1 知，在隐含层达到 17 时，MSE 最小，因此选择隐含层数目为 17。

依据上述分析，确定了 BP 神经网络的结构，这样就能对神经网络进行训练。网络测试采用上述数据预处理中选择的测试数据。训练的结果如图 6.4 和图 6.5 所示。需要说明的是，我们这里采用第 4 章并联加法混合模型的结构，用 BP 神经网络构建并联加法混合模型的误差补偿器，图 6.4 中纵坐标是实际值与机理模型输出之差。

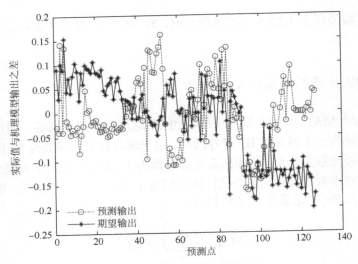

图 6.4　BP 神经网络预测结果

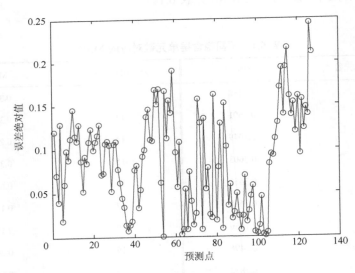

图 6.5　BP 神经网络预测误差

尽管 BP 神经网络有诸多优点，但通过实际应用发现，传统 BP 神经网络也存在一些缺点。

（1）由于它本质上是一种非线性优化问题，传统的 BP 神经网络采用的是梯度下降算法，这种算法很容易陷入局部极小，从而得不到全局最优。

（2）学习算法的收敛速度慢，学习效率低下，训练次数多，通常要数千步以上。

（3）隐含层节点的个数和隐含层数的选取尚无理论上的依据，只能由经验确定。

（4）鲁棒性差，网络对初始参数的设置比较敏感。

由于 BP 神经网络的以上缺点，BP 神经网络训练误差较大。现在优化 BP 神经网络的优化算法有很多种，比较常见的是遗传算法和 PSO。本书采用 PSO 来优化 BP 神经网络。用它来优化神经网络的连接权值和阈值，可以较好地克服 BP 神经网络的问题，不仅能发挥神经网络的泛化能力，而且能够提高神经网络的收敛速度和学习能力。这种算法的主要思路是先用 PSO 训练神经网络，当权值定位于空间全局最优或近似全局最优的附近时，再采用 BP 算法进行局部搜索，使其迅速地收敛到最终的优化值。这样结合了它们二者的优势，不容易陷入局部极小，具有很高的精度，且收敛速度很快。

6.1.3.3　粒子群优化 BP 神经网络

PSO 收敛快，具有很强的通用性，但同时存在着容易早熟收敛、搜索精度较低、后期迭代效率不高等缺点。借鉴遗传算法中的变异思想，在 PSO 中引入变异操作，即对某些变量以一定的概率重新初始化。变异操作拓展了在迭代中不断缩小的种群搜索空间，使粒子能够跳出先前搜索到的最优值位置，在更大的空间中展开搜索，同时保持了种群多样性，提高算法找到更优值的可能性。

用 PSO 优化后的 BP 神经网络与单纯 BP 神经网络相比，结果如图 6.6 和图 6.7 所示。

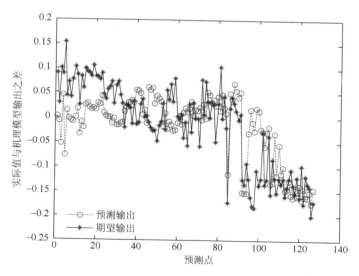

图 6.6　PSO 优化 BP 神经网络预测结果

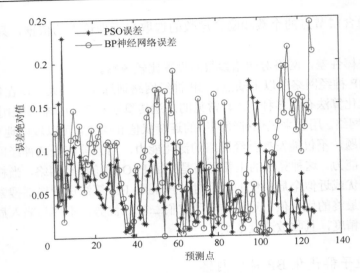

图 6.7　PSO 优化 BP 神经网络误差

　　从图 6.6 和图 6.7 可以看出，PSO 优化后的 BP 神经网络拟合效果更好，大部分误差的绝对值也变小了很多。

　　需要注意的是：由图 6.5 和图 6.7 知，预测输出与实际值的差有时会大于实际值，所以这里没有采用 MAE 来衡量误差。由表 6.2 知，PSO 优化后的 BP 神经网络，无论是 MSE 还是 MAE 都变小，网络的精度提高了。

表 6.2　PSO 优化前后的误差比较

误差	BP 神经网络	PSO 优化后的 BP 神经网络
MSE	1.3658	0.5561
MAE	0.2445	0.2295

6.1.3.4　离心压缩机出口参数预测

　　经过前面所述的神经网络的优化计算，利用性能更好的神经网络模型来拟合实际输出与机理输出的误差值。这样补偿模型的输出与机理模型的输出相加就能够更加准确地接近实际值。预测模型输出的相对误差如图 6.8 所示，混合模型和机理模型的误差比较见表 6.3。

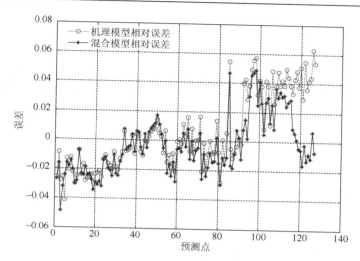

图 6.8 混合模型的相对误差

表 6.3 混合模型和机理模型的误差比较

误差	机理模型	混合模型
MAPE	0.0207	0.0167
MAE	0.2012	0.1760

从表 6.3 中可以看出，混合模型要比机理模型输出精度好一些。

6.2 基于 RBF 神经网络的离心压缩机建模

RBF 神经网络是继 BP 神经网络之后发展起来的性能更优的神经网络。1985 年，Powell 提出了径向基函数解决多变量插值问题。1988 年，Broomhead 和 Lowe[14]在进行插值计算的过程中引入神经网络计算的思想，并在人工神经络设计中提出径向基函数的概念，这就形成了 RBF 神经网络。它具有很强的生物学背景，模仿了人的大脑皮层区域中局部调节及交叠的"感受野"的反应特点。BP 神经网络用于函数逼近时，存在学习效率低、局部极小、收敛速度慢、网络的泛化能力较差等缺点，而 RBF 神经网络在逼近能力和学习速度等方面均优于 BP 神经网络。

RBF 神经网络是以函数逼近理论为基础而构造的一类前向网络，这类网络的学习等价于多维空间中寻找训练数据的最佳拟合平面。每一个隐含层神经元传递函数都构成了拟合平面的一个基函数。径向基函数网络是一种局部逼近网络，即对于输入空间的某一个局部区域只存在少数的神经元用于决定网络的输出,从根本上解决了 BP 神经网络的局部最优问题。RBF 神经网络是具有单隐含层的三层前馈网络,能以任意精度逼近任意连续函数,具有结构自适应确定、输出值与初始权值无关的特性。RBF 神经网络由于结构简单、算法简便以及独特的网络映射能力,在自动控制中的辨识、建模及控制器的设计等的工程应用中获得了良好的效果,被应用于生产生活的各个方面,已成为建模、辨识、语音识别等的有力工具。

本书利用 RBF 神经网络建立对离心压缩机性能预测的神经网络模型,从而能够精确地预测出离心压缩机性能参数的大小,能够分析离心压缩机的流量、叶片出口安装角、压力比和效率之间的神经网络与预测关系。

6.2.1　RBF 神经网络的基本原理

RBF 神经元网络是单隐含层的前向网络,针对具体问题可以选用不同隐含层的函数类型。RBF 神经网络和 BP 神经网络都能以任意精度逼近任何非线性函数,但逼近性能不相同。Poggio 和 Girosi 已经证明,RBF 神经网络是连续函数的最佳逼近。由于采用局部激励函数,RBF 神经网络对于每个输入值只有很少几个节点具有非零激励响应,因此只需改变很少部分节点及权值,容易适应新数据。RBF 神经网络的主要学习法有 Moody-Darken 算法、局部训练算法、正交最小二乘算法等。由于 RBF 神经网络的学习算法不存在局部最优问题,具有全局逼近性质,而且它的参数调整是线性的,所以训练方法快速,非常适合系统的实时辨识与控制。尽管如此,RBF 神经网络在实际应用中有一些问题需要解决。

(1)如何确定网络隐含层中心;

(2)如何确定合适的基函数;

(3)如何提高网络的综合能力。

6.2.1.1　RBF 神经网络模型

一个典型的 RBF 神经网络结构由一个输入层、一个隐含层和一个输出层组成,如图 6.9 所示。它反映了系统的多输入 $x \in \mathbf{R}^n$ 和多输出 $y \in \mathbf{R}^n$ 之间的函数关系:$f: x \to y$。输入节点只是传递信号到隐含层,输出节点通常是简单的线性函数。

隐含层节点是由一种通过局部分布的、对中心点径向对称衰减的非负非线性函数构成,常用的基函数有高斯(径向基)函数、多元二次函数、逆多元二次函数、反射 Sigmoid 函数等。

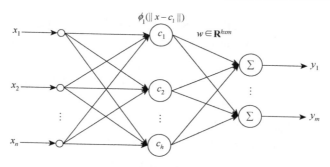

图 6.9 RBF 神经网络结构图

本书中的基函数采用高斯（径向基）函数，其形式为

$$\phi_i(x) = \exp\left(-\frac{\|x - c_i\|^2}{\delta_i}\right), \quad i = 1, 2, \cdots, m \tag{6.11}$$

RBF 神经网络的第 j 个输出可表示为

$$y_j = \sum_{i=1}^{h} w_{ij}\phi_i(x), \quad 1 \leqslant j \leqslant m \tag{6.12}$$

式中，$\delta > 0$ 是基函数的扩展常数或宽度，δ 越小，基函数就越具有选择性；w_{ij} 为第 i 个节点到第 j 个输出的连接权值；c_i 为第 i 个隐节点的数据中心。

6.2.1.2 RBF 神经网络学习算法

通过分析 RBF 神经网络结构，可以发现决定网络结构的因素有网络隐含层神经元个数、径向基函数中心及其宽度、隐含层与输出层连接权值。可以充分利用网络结构的特点来设计学习算法，确定网络隐含层神经元个数、中心和宽度。输出层是对线性权进行调整，可采用线性化的优化策略，加快学习速度和避免局部最优。可见，学习可以分两个层次进行：一是自组织学习阶段，即学习隐含层基函数的中心与宽度的阶段；二是有监督学习阶段，即学习输出层权值的阶段。

1）学习中心

在 RBF 神经网络中，隐含层中心点的选择以及节点数是影响网络运行效果的重要因素，其很大程度上决定了 RBF 神经网络性能的好坏。许多学者对此问题做了深入研究和探索[15]。确定 RBF 神经网络中心点的主要方法有以下几种。

（1）随机选取 RBF 神经网络的中心

这是一种最为简单的方法。在此方法中，隐含层单元的中心是随机地从输入样本数据中选取的，而且中心固定。RBF 神经网络的中心确定以后，隐含层单元的输出变为已知，这样，网络的连接权就可以通过求解线性方程组来确定。如果给定的样本数据的分布具有代表性，此方法是简单而有效的。但是，一般训练样本多是含有噪声的，如果从这样的数据样本中随机选取中心，构造的网络误差较大。因此，这种方法在实际应用中不常用。

（2）自组织学习选取 RBF 神经网络中心

在这种方法中，RBF 神经网络的中心通过自组织学习确定其位置，输出层的线性连接权通过有监督的学习规则求取。由此可见，这是一种混合学习算法。自组织学习部分就是对网络的资源进行分配，学习的目的是使得 RBF 神经网络的中心位于输入空间的主要区域。常用的有 k-均值聚类算法、模糊 c-均值算法[16]。

（3）有监督学习选取 RBF 神经网络的中心

在这种方法中，RBF 神经网络的中心以及网络的其他参数都是通过有监督的学习法来确定的，这是 RBF 神经网络学习最为一般的形式。有监督的学习算法可以采用简单有效的梯度下降法、卡尔曼滤波等方法。有监督学习法可以同时确定隐含层参数与权值，因变量也参与其中，整体性较强。但是由于这种特性，也使得网络的逼近精度变差，泛化特性下降。算法本质上与误差反传算法相同，与初值有关，难以找到全局最优。这也限制了有监督学习方法的应用。

选择多少个中心及选择哪些样本作为中心将是决定网络是否有效的关键，中心学习问题是 RBF 神经网络学习最重要的问题，本书将在后面的章节中重点讨论。

2）确定中心宽度

数据中心一旦学习完后就固定了，接着就要确定中心的宽度。可以采用 Moody 和 Darken 提出的一种确定核函数宽度的方法[17]：

$$\delta_i = \alpha r_i, \quad i = 1, \cdots, h \tag{6.13}$$

3）确定输出层权值矩阵

当各隐含层节点中心和宽度确定后，输出层权矢量 $w = [w_1, w_2, \cdots, w_h]^T$ 就可以用有监督学习方法训练得到（如梯度下降法），但更简洁的方法是可以采用最小二乘法直接来求解[18]。假定当输入为 x_j 第 i 个隐含层节点的输出为：$h_{ij} = \phi_i(\| x_j - c_i \|)$，则隐含层输出矩阵为

$$H = [h_{ij}] \tag{6.14}$$

RBF 神经网络的矢量输出为

$$\hat{y} = Hw \tag{6.15}$$

训练样本的实际输出为 y，令 $\varepsilon = \|y - \hat{y}\|$ 为逼近误差，则可以通过最小化式（6.16）求出网络的输出层权值 w：

$$\varepsilon = \|y - \hat{y}\| = \|y - Hw\| \tag{6.16}$$

通常 w 可用最小二乘法求得

$$w = H^* y \tag{6.17}$$

式中，H^* 为 H 的伪逆，即

$$H^* = (H^T H)^{-1} H^T \tag{6.18}$$

6.2.1.3 偏最小二乘法选择 RBF 神经网络中心

RBF 神经网络的输入、输出层节点个数分别由输入变量、输出变量的个数决定，网络的规模取决于隐含层节点的个数。隐含层节点选择不合适时，RBF 神经网络无法正确地反映出输入样本空间的实际划分。当网络规模太小时，无法建立复杂的映射关系，出现"欠拟合"现象；当网络规模太大时，又可能出现"过拟合"现象，网络预测能力下降，而且占用资源过多。因此隐含层中心的选取成为决定 RBF 神经网络性能最重要的因素。

许多学者在这方面做了很多研究，提出了几种较为成功的方法[19]，其中较为直观的是"剪枝算法"[20]。它先从一个足够大的网络开始，将其训练至收敛后再逐个减去隐含层节点，并重新训练和测试网络，直至得到能满足精度要求的最小网络结构。另一种"构造算法"的步骤则相反[21]。它从一个小网络出发，逐个添加隐节点，直至网络的性能无明显提高时，得出合适的网络结构。Fogel 提出的最终信息统计法[22]，可以直接求得最优网络，但是需要较强的假设前提，在应用时也不够简便直观。

通过分析上述各种神经网络的设计过程，从中可以得到的一条启发性思路是：一个较大的反传网络由于具有比较强的表达能力，可以对复杂对象进行较好地描述。而当对这一网络进行训练时，对象潜在的复杂性在神经网络模型的学习过程中就会以一定的方式表现出来。对于单隐含层的反传神经网络，隐节点数的变化导致隐含层输出信息的变化正是这一特点的体现。一旦对象确定后，对应的复杂性也就随之确定下来。而当隐含层节点数较多时，每个节点的作用有强有弱：作用强的节点在描述对象复杂性时起主导作用，作用弱的节点所起的作用实际上可以去掉以缩小网络的规模，不会对描述的准确性造成影响。因此，网络隐含层的输出信息应该是分析网络性能的可利用资源。

从神经网络隐含层的输出信息出发，通过 PLS 提取特征，一次性地剪去多余节点，生成最优规模的数学解析模型快速剪枝模型。偏最小二乘方法的基本原理详见第 5 章。基本思路如下：

建立一个初始神经网络，其输入层节点数、输出层节点数分别为模型输入变量和输出变量个数，为确保网络在问题求解过程中有足够大的表达能力，先取有较大冗余的隐含层节点个数，构成初始网络。先训练初始神经网络，使其达到一定精度。然后对训练完毕的初始网络进行隐含层输出信息矩阵的 PLS 特征提取，得到线性独立的特征数，它应与问题求解时需要的网络隐含层节点数相对应。同时根据节点重要性准则，选出贡献小的节点并一次性将其剪去，生成最优结构网络，并再次训练网络直至收敛。

6.2.2　基于 RBF 神经网络的离心压缩机出口参数预测

6.2.2.1　基于 RBF 神经网络的性能预测方法

基于 RBF 神经网络的离心压缩机建模方法，该方法从分析 RBF 神经网络隐含层的输出矩阵信息入手，用偏最小二乘法解析确定冗余而可剪去的隐节点数，并一次性地找出优化的隐节点，以加速简约后网络的训练进程。此外，通过 PLS 剪枝还消除了输入数据中的多重共线性的影响，可以使模型精度大为提高。利用 RBF 神经网络对离心压缩机进行性能预测，首先进行数据采集，获得训练神经网络的样本值。具体的预测方法和建模步骤如下：

（1）对训练样本进行标准化处理，假设处理后的训练样本的输入为 X，输出为 Y。

（2）先将训练样本的输入 X 选作 RBF 神经网络的隐含层节点，隐含层节点数就等于训练样本数。

（3）用训练样本进行网络训练，收敛至设定误差限 ε。

（4）设此时的隐含层的输出矩阵为 $\boldsymbol{\phi}$，宽度矩阵为 $\boldsymbol{D}$，隐含层到输出层的连接权参数为 $\boldsymbol{W}$，对 $\boldsymbol{\phi}$ 和 $\boldsymbol{Y}$ 进行 PLS 提取主成分 $\boldsymbol{T}=[t_1,t_2,\cdots,t_n]$。

（5）计算 $t_i(1\leqslant i\leqslant n)$ 与每个隐含层节点输出向量之间的相关系数，将相关系数值为最大的对应隐含层的节点保留下来（无重复），将该节点对应的中心保留下来，同时保留中心的宽度和连接权值。最后保留的节点与主成分个数 n 相等，保留的 n 节点中对应的 n 个中心即为所选的径向基函数中心。

（6）将保留的节点作为网络隐含层的节点，剪去其余的节点，训练剪枝过后的 RBF 神经网络，最终得到最优结构的模型。RBF 神经网络隐含层中心的宽度用式（6.13）计算获得，网络输出层权值由式（6.17）计算得到。

（7）当训练达到一定精度的时候，预测器开始进行工作，以所需要的预测步长选择数据间隔，从最后一个记录开始往回取 d 个数据 $x(k-i)$，$i = 1, 2, \cdots, d-1$，预测下一时刻的输出 $x(k+1)$。将预测值和实际值进行比较，得到了误差 $e = |x(k+1) - x_s|$。

6.2.2.2 模型更新

实际运行中，压缩机的叶片由于受到气体的腐蚀，其性能不断下降，加上工况的不断变化，压缩机的特性逐渐发生漂移。为了使所建立的性能预测模型能够描述压缩机的这种动态时变特性，实际应用中采用在线监测和离线校正相结合的方法提高模型的预测精度。可以根据经验和实际应用要求设置一个误差上限，在线监测模型的预测精度，当模型误差大于上限时，重新从数据库中选取最新一段时间的历史运行数据，对 RBF 神经网络进行更新，以提高模型的预测精度和适用性。

6.2.3 应用研究

由于理论假设的存在和模型的重要参数，如冲击损失系数、滑差系数等难以准确获得，机理模型与实际对象之间存在较大的偏差。为克服这些问题，本书将 RBF 神经网络应用到多级离心压缩机压比和温比的预测建模中。该预测模型的输入有初级入口温度、压力、质量流量以及压缩机的工作转速；预测模型的输出是多级离心压缩机总压比 ε 和总温比 τ 的预测值。

某钢厂采用离心压缩机对炼钢/铁过程的富余煤气进行压缩，并送往后续的燃气-蒸汽联合循环发电机组进行燃烧发电。该离心压缩机采取 3 级压缩的方式，利用 MATLAB 构建基于 RBF 神经网络的离心压缩机出口参数预测模型。压缩机的几何参数由厂方提供的设计图纸估算获得；煤气的热力性质由离线采集分析结果获取。神经网络的训练数据样本来自现场的 DCS 系统，为了验证本书所提模型更新策略的有效性，分别从 2010 年 9 月到 11 月和 2011 年 1 月到 3 月的压缩机稳态历史运行数据中选取 250 组和 266 组数据样本用于 RBF 神经网络的训练，另外从 2011 年 4 月选出 96 组数据样本用于模型的验证。

将不同时期历史数据样本训练得到的模型预测结果与实测数据进行比较。由图 6.10（a）和（b）可见，基于 RBF 神经网络的预测模型能够较好地预测压缩机的输出压比和输出温比，与实测数据吻合程度较好。各模型的 RMSE 和 MAE 列于表 6.4 中进行比较，可以看出，模型更新策略能提高模型的预测精度，一定程度上体现了离心压缩机的动态时变特性。

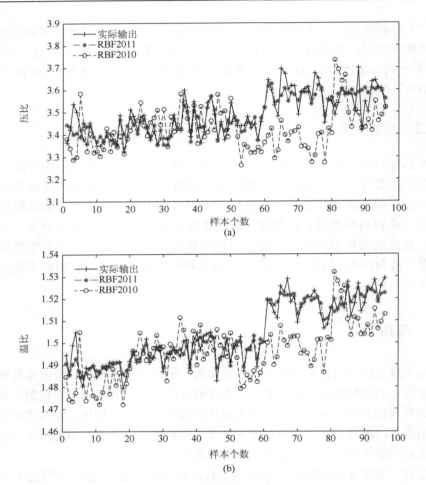

图 6.10 多级离心压缩机预测结果与实测数据的压比和温比

表 6.4 各模型的 RMSE 和 MAE 的比较

	压比	温比	压比	温比
	RMSE	RMSE	MAE	MAE
RBF 2010	0.1389	0.0139	0.3698	0.0314
RBF 2011	0.0472	0.0033	0.1793	0.0119

6.3 基于 OS-ELM 神经网络的离心压缩机建模

虽然神经网络系统的辨识研究经过五十多年的发展，已经取得了诸多显著的理论成果，但由于大规模系统中的大数据量、高维度及数据中包含的高不确定性，都使得神经网络辨识速度缓慢而难于满足实际要求。例如，在智能控制领域，使用神经网络控制方法虽然可以辨识高度复杂和非线性系统，解决被控对象复杂和高不确定时的建模问题，但神经网络的实时性非常差，在线识别系统动力学模型并进行控制目前看来依然难以实现。此外，对于大中型数据集的系统辨识和分类问题，传统神经网络方法如 BP 神经网络、RBF 神经网络、支持向量机等不仅需要大量的训练时间，还会出现"过饱和""假饱和"和最优隐层节点数难以确定等各种问题。

为了提高构建网络的整体性能，Huang 等提出了极限学习机（ELM）算法[25, 26]。ELM 算法是一种快速的单隐藏层神经网络训练算法。该算法的特点是在网络参数的确定过程中，隐藏层节点的参数（内权和偏置值）会随机选取，无须调节，通过最小化平方损失函数得到的最小二乘解来确定网络的外权。这样不需进行任何的迭代步骤就可以确定网络的参数，所以可以在很大程度上降低网络参数的调整时间。ELM 算法的应用已经在岩性识别[23]、软测量建模[24]、非均衡学习[27]等方面取得了较好成果，并逐渐得到完善和改进。

网络学习中，可能会有训练样本无法一次性收集到的情况出现，使得网络学习通常是一个在线的过程；在传统的学习算法中，当新数据得到以后，陈旧的数据往往伴随着新数据重复训练，这就浪费了大量的时间。针对这一问题，Liang 等[28]提出了在线序列极限学习机（online sequential extreme learning machine，OS-ELM）算法。该方法采用分块矩阵的办法，有效地避免了数据的重复训练，很大程度上提高了学习的效率[29-31]。

6.3.1 OS-ELM 神经网络的基本原理

6.3.1.1 极限学习机

传统的 BP 神经网络是通过一定的迭代算法并进行多次优化最终确定网络的隐藏层节点参数。这些迭代步骤往往会使参数的训练过程占用大量的时间，从而使网络训练过程的效率得不到保证。此外，传统的梯度算法在训练过程中很容易陷入局部最小。然而，ELM 算法则对这些问题进行了改善，它在训练过程中不需要不断调整输入权值和偏差，只需要利用随机设定的输入权值和偏差来对权值 β 进行调整，因而计算复杂程度低，运算速度快。同时，求解最小二乘范数解的过程是一个凸优化过程，不容易陷入局部最优，具有良好的泛化性能。

针对训练数据样本 (x, y)，具有 L 个隐含层神经元的单隐含层前向神经网络的

输出函数表达式为

$$f_L(x) = \sum_{i=1}^{L} \beta_i G(a_i, b_i, x) \qquad (6.19)$$

式中，a_i 为输入连接权值；b_i 为隐含层节点的阈值；β_i 表示连接第 j 个隐含层和网络输出之间的外权；$G(a_i, b_i, x)$ 为第 j 个隐含层对应于样本的隐含层节点输出。针对加法型的隐含层节点，$G(a_i, b_i, x)$ 的表达式为

$$G(a_i, b_i, x) = g(a_i x + b_i) \qquad (6.20)$$

式中，$g: R \rightarrow R$ 为激活函数；$a_i x$ 代表内权向量 a_i 和样本 x 在 $\mathbf{R}^n$ 中的内积。针对 RBF 型的节点，$G(a_i, b_i, x)$ 的表达式为

$$G(a_i, b_i, x) = g(b_i \| x - a_i \|) \qquad (6.21)$$

式中，$g: R \rightarrow R$ 为激活函数；a_i 和 b_i（$b_i > 0$）分别为第 i 个 RBF 节点的中心和影响因子。

考虑 N 个互异的数据样本 $\{(x_i, y_i)\}_{i=1}^{N} \subset \mathbf{R}^n \times \mathbf{R}^n$，如果一个具有 L 个隐含层神经元的单隐含层神经网络可以以零误差逼近这 N 个互异的数据样本，也就是说，存在 a_i、b_i 和 β_i，$i = 1, \cdots, L$，使得

$$f_L(x_j) = \sum_{i=1}^{L} \beta_i G(a_i, b_i, x_j) = y_j, \quad j = 1, \cdots, N \qquad (6.22)$$

式（6.22）还可以简写为

$$\boldsymbol{H}\boldsymbol{\beta} = \boldsymbol{Y} \qquad (6.23)$$

式中，

$$\boldsymbol{H}(a_1, \cdots, a_L, b_1, \cdots, b_L, x_1, \cdots, x_N) = \begin{bmatrix} G(a_1, b_1, x_1) & \cdots & G(a_L, b_L, x_1) \\ \vdots & \ddots & \vdots \\ G(a_1, b_1, x_N) & \cdots & G(a_L, b_L, x_N) \end{bmatrix}_{N \times L} ; \quad \boldsymbol{\beta} = \begin{bmatrix} \boldsymbol{\beta}_1^{\mathrm{T}} \\ \vdots \\ \boldsymbol{\beta}_L^{\mathrm{T}} \end{bmatrix}_{L \times M} ;$$

$$\boldsymbol{Y} = \begin{bmatrix} \boldsymbol{y}_1^{\mathrm{T}} \\ \vdots \\ \boldsymbol{y}_N^{\mathrm{T}} \end{bmatrix}_{N \times M}$$

$\boldsymbol{H}$ 叫做隐含层输出矩阵，相应的第 i 列表示第 i 隐含层元对应于输入 $x_1, \cdots, x_N$ 的输出量，第 j 行表示所有的隐含层元对应于输入 x_j 的输出量。

但是，在大多情况下，隐含层节点的数量要远小于互异的训练样本的个数（$L \ll N$），从而使构建的具有 L 个隐含层神经元的单隐含层神经网络难以实现以零误差逼近这 N 个互异的数据样本，相应的训练样本的网络输出和实际输出之间的

误差也随之产生。这种情况下，式（6.23）可以改写成为

$$H\beta = Y + E \tag{6.24}$$

式中，

$$E = \begin{bmatrix} e_1^{\mathrm{T}} \\ \vdots \\ e_N^{\mathrm{T}} \end{bmatrix}_{N \times M}$$

定义平方损失函数：

$$J = \sum_{j=1}^{N} (\beta_i G(a_i, b_i, x_j) - y_j) \tag{6.25}$$

式（6.25）可以写成如下表达式：

$$J = (H\beta - Y)^{\mathrm{T}} (H\beta - Y) \tag{6.26}$$

则网络岑树的训练问题转化为最小平方损失函数的问题，也就是说，寻找最小二乘解 $\hat{\beta}$，使得

$$\left\| H\hat{\beta} - Y \right\| = \min_{\beta} \left\| H\beta - Y \right\| \tag{6.27}$$

式中，$\|\cdot\|$ 表示 2 范数。在隐含层输出为列满秩的情况下，利用 Moore-Penrose 广义逆[32, 33]可以得到

$$\hat{\beta} = \arg\min_{\beta} \left\| H\beta - Y \right\| = H^* Y \tag{6.28}$$

式中，$H^* = (H^{\mathrm{T}} H)^{-1} H^{\mathrm{T}}$。在隐含层输出矩阵非列满秩的情况下，最优外权 β 可以通过奇异值分解（SVD）[34]的方法得到。

ELM 算法可描述如下：

给定一个训练集 $\Omega = \{(x_i, y_i)\}_{i=1}^{N} \subset \mathbf{R}^n \times \mathbf{R}^m$，一个隐含层激活函数 $G(a_i, b_i, x)$ 和隐含层神经元数量 L。

第一步：随机生成隐含层参数 (a_i, b_i)，$i = 1, \cdots, L$；

第二步：计算隐含层神经元输出矩阵 H；

第三步：计算网络最优外权 β：$\beta = H^* Y$。

6.3.1.2 在线序列极限学习机

经典 ELM 算法是批量学习算法，当训练样本集发生变化或者有新的训练样

本加入时，必须对全部训练样本重新进行训练，从而导致其学习效率低下，难以满足评估模型在线学习和更新的要求。OS-ELM 算法是 SLFNs 的增量式学习算法，即可分批学习，也可逐个学习，当有新的训练样本加入时，不需要重新学习以前的全部旧样本，而只需在原有训练模型的基础上对新样本进行增量学习。

　　已经介绍了 ELM 算法，下面将介绍 OS-ELM 算法的基础理论。若隐含层节点数为 L，那么 OS-ELM 算法的网络结构如图 6.11 所示。

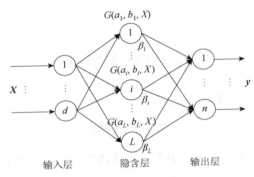

图 6.11　OS-ELM 算法网络结构

　　式（6.28）中所示的输出权值 $\hat{\boldsymbol{\beta}}$ 为 $\boldsymbol{H}^{*}\boldsymbol{Y}$ 的最小二乘范数解，假设输出权值矩阵 $\boldsymbol{H}$ 的秩与隐含层节点数 L 相等，则式（6.28）中的 Moore-Penrose 广义逆矩阵 $\boldsymbol{H}^{*}$ 的表达式为

$$\boldsymbol{H}^{*} = (\boldsymbol{H}^{\mathrm{T}}\boldsymbol{H})^{-1}\boldsymbol{H}^{\mathrm{T}} \tag{6.29}$$

　　若 $\boldsymbol{H}^{\mathrm{T}}\boldsymbol{H}$ 为奇异矩阵，可以通过两种方法将其变换为非奇异矩阵：将在线极限学习机初始化的学习样本数增加或者减小隐含层节点数。通过式（6.29）可得输出权值 $\hat{\boldsymbol{\beta}}$ 表达式为

$$\hat{\boldsymbol{\beta}} = (\boldsymbol{H}^{\mathrm{T}}\boldsymbol{H})^{-1}\boldsymbol{H}^{\mathrm{T}}\boldsymbol{Y} \tag{6.30}$$

假设初始化时的训练样本集为 $\boldsymbol{X}_0$，将其表示为

$$\boldsymbol{X}_0 = \left\{(x_i, y_i)\right\}_{i=1}^{N_0}, \quad N_0 \geqslant L \tag{6.31}$$

根据 ELM 算法，应当将 $\|\boldsymbol{H}_0\boldsymbol{\beta} - \boldsymbol{Y}_0\|$ 进行最小化，式中，

$$\boldsymbol{H}_0 = \begin{bmatrix} G(a_1,b_1,x_1) & \cdots & G(a_L,b_L,x_1) \\ \vdots & \ddots & \vdots \\ G(a_1,b_1,x_{N_0}) & \cdots & G(a_L,b_L,x_{N_0}) \end{bmatrix}_{N_0 \times L}, \quad \boldsymbol{Y}_0 = \begin{bmatrix} y_1^{\mathrm{T}} \\ \vdots \\ y_{N_0}^{\mathrm{T}} \end{bmatrix}_{N_0 \times M} \tag{6.32}$$

通过式（6.33）可以计算出 $\|\boldsymbol{H}_0\boldsymbol{\beta} - \boldsymbol{Y}_0\|$ 的最小化解：

$$\begin{cases} \boldsymbol{\beta}_0 = \boldsymbol{P}_0 \boldsymbol{H}_0^{\mathrm{T}} \boldsymbol{Y}_0 \\ \boldsymbol{P}_0 = (\boldsymbol{H}_0^{\mathrm{T}} \boldsymbol{H}_0)^{-1} \end{cases} \tag{6.33}$$

现在若有一组新的训练样本到达，假设为 $\boldsymbol{X}_1 = \{(x_i, y_i)\}_{i=N_0+1}^{N_0+N_1}$，式中，$N_1$ 为这组样本的长度，这时就将问题转化为求解下面公式的最小化解：

$$\left\| \begin{bmatrix} \boldsymbol{H}_0 \\ \boldsymbol{H}_1 \end{bmatrix} \boldsymbol{\beta} - \begin{bmatrix} \boldsymbol{Y}_0 \\ \boldsymbol{Y}_1 \end{bmatrix} \right\| \tag{6.34}$$

式中，

$$\boldsymbol{H}_1 = \begin{bmatrix} G(a_1, b_1, x_{N_0+1}) & \cdots & G(a_L, b_L, x_{N_0+1}) \\ \vdots & \ddots & \vdots \\ G(a_1, b_1, x_{N_0+N_1}) & \cdots & G(a_L, b_L, x_{N_0+N_1}) \end{bmatrix}_{N_1 \times L}, \quad \boldsymbol{Y}_1 = \begin{bmatrix} y_{N_0+1}^{\mathrm{T}} \\ \vdots \\ y_{N_0+N_1}^{\mathrm{T}} \end{bmatrix}_{N_1 \times M} \tag{6.35}$$

对两组训练样本 $\boldsymbol{X}_0$ 和 $\boldsymbol{X}_1$ 进行综合考虑，此时的输出权值 $\boldsymbol{\beta}$ 的表达式变为

$$\boldsymbol{\beta}_1 = \boldsymbol{P}_1 \begin{bmatrix} \boldsymbol{H}_0 \\ \boldsymbol{H}_1 \end{bmatrix}^{\mathrm{T}} \begin{bmatrix} \boldsymbol{Y}_0 \\ \boldsymbol{Y}_1 \end{bmatrix} \tag{6.36}$$

式中，

$$\boldsymbol{P}_1 = \left(\begin{bmatrix} \boldsymbol{H}_0 \\ \boldsymbol{H}_1 \end{bmatrix}^{\mathrm{T}} \begin{bmatrix} \boldsymbol{H}_0 \\ \boldsymbol{H}_1 \end{bmatrix} \right)^{-1} = (\boldsymbol{P}_0 + \boldsymbol{H}_1^{\mathrm{T}} \boldsymbol{H}_1)^{-1} \tag{6.37}$$

为了满足顺序学习的要求，需要将 $\boldsymbol{\beta}_1$ 的表达式变换为与 $\boldsymbol{\beta}_0$、$\boldsymbol{P}_0$、$\boldsymbol{H}_1$ 及 $\boldsymbol{Y}_1$ 有关的函数式：

$$\begin{bmatrix} \boldsymbol{H}_0 \\ \boldsymbol{H}_1 \end{bmatrix}^{\mathrm{T}} \begin{bmatrix} \boldsymbol{H}_0 \\ \boldsymbol{H}_1 \end{bmatrix} = (\boldsymbol{P}_1 - \boldsymbol{H}_1^{\mathrm{T}} \boldsymbol{H}_1) \boldsymbol{\beta}_1 + \boldsymbol{H}_1^{\mathrm{T}} \boldsymbol{Y}_1 \tag{6.38}$$

如此便可以将式（6.36）的表达式写为如下形式：

$$\boldsymbol{\beta}_1 = \boldsymbol{\beta}_0 + \boldsymbol{P}_1 \boldsymbol{H}_1^{\mathrm{T}} (\boldsymbol{Y}_1 - \boldsymbol{H}_1 \boldsymbol{\beta}_0) \tag{6.39}$$

通过上述分析过程可知，当新的样本到达网络时，对最小二乘解的更新的递归算法与一般的递归最小二乘法相似[35]。假设第 $k+1$ 组新的数据到达，该数据可以表示为

$$\boldsymbol{X}_{k+1} = \{(x_i, y_i)\}_{i=\left(\sum_{j=0}^{k} N_j\right)+1}^{\sum_{j=0}^{k+1} N_j} \tag{6.40}$$

式中，N_{k+1} 为第 $k+1$ 组新的数据长度。由以上的分析可知，此时的输出权值 $\boldsymbol{\beta}_{k+1}$ 的表达式变为

$$\boldsymbol{\beta}_{k+1} = \boldsymbol{\beta}_k + \boldsymbol{P}_{k+1}\boldsymbol{H}_{k+1}^{\mathrm{T}}\left(\boldsymbol{Y}_{k+1} - \boldsymbol{H}_{k+1}\boldsymbol{\beta}_k\right) \tag{6.41}$$

式中，

$$\boldsymbol{H}_{k+1} = \begin{bmatrix} G(a_1, b_1, x_{\left(\sum\limits_{j=0}^{k} N_j\right)+1}) & \cdots & G(a_L, b_L, x_{\left(\sum\limits_{j=0}^{k} N_j\right)+1}) \\ \vdots & \ddots & \vdots \\ G(a_1, b_1, x_{\left(\sum\limits_{j=0}^{k+1} N_j\right)}) & \cdots & G(a_L, b_L, x_{\left(\sum\limits_{j=0}^{k+1} N_j\right)}) \end{bmatrix}_{N_{k+1}\times L}, \quad \boldsymbol{Y}_{k+1} = \begin{bmatrix} \boldsymbol{y}_{\left(\sum\limits_{j=0}^{k} N_j\right)+1}^{\mathrm{T}} \\ \vdots \\ \boldsymbol{y}_{\left(\sum\limits_{j=0}^{k+1} N_j\right)}^{\mathrm{T}} \end{bmatrix}_{N_{k+1}\times M}$$

$$\tag{6.42}$$

利用 Woodbury 公式可以得到 $\boldsymbol{P}_{k+1}$ 的更新公式[36]:

$$\boldsymbol{P}_{k+1} = (\boldsymbol{P}_k^{-1} + \boldsymbol{H}_{k+1}^{\mathrm{T}}\boldsymbol{H}_{k+1})^{-1} = \boldsymbol{P}_K - \boldsymbol{P}_K\boldsymbol{H}_{K+1}^{\mathrm{T}}(1 + \boldsymbol{H}_{K+1}\boldsymbol{P}_K\boldsymbol{H}_{K+1}^{\mathrm{T}})^{-1}\boldsymbol{H}_{K+1}\boldsymbol{P}_K \tag{6.43}$$

从上述 OS-ELM 算法的学习过程可以看出，当 $\boldsymbol{H}_0$ 的秩与隐含层节点数目相等时，OS-ELM 算法就能够达到与 ELM 算法同等的学习性能，即训练误差和识别准确率。所以为了保证 $\boldsymbol{H}_0$ 的秩与隐含层节点数目相等，初始化数据的个数应当大于隐含层节点数目。

综上所述，OS-ELM 算法主要包括初始化阶段和序列学习阶段两个部分。

（1）初始化阶段：

第一步：选取训练数据作为初始化样本集，同时使得其个数 $N_0 \geqslant L$。

第二步：随机生成输入权值 a_i 和偏差 b_i，计算隐含层输出矩阵 $\boldsymbol{H}_0$。

第三步：计算出初始的输出权值 $\boldsymbol{\beta}_0$。

第四步：将 k 设置为 0。

（2）序列学习阶段：

第一步：设第 $k+1$ 组添加的新数据为 $\boldsymbol{X}_{k+1}$。

第二步：计算得到隐含层输出矩阵 $\boldsymbol{H}_{k+1}$ 以及 $\boldsymbol{Y}_{k+1}$。

第三步：计算输出权值 $\boldsymbol{\beta}_{k+1}$。

第四步：令 $k = k+1$，返回第一步继续学习。

6.3.2　基于 OS-ELM 神经网络的离心压缩机出口参数预测

6.3.2.1　离心压缩机出口参数预测模型

机理模型能够在趋势上很好地反映出主要因素对副产煤气系统的影响，但是机理模型也存在预测误差较大的缺点。考虑到模型需要快速在线更新的要求，利用基于 OS-ELM 神经网络的离心压缩机性能预测模型预测输出压比和温比的偏差。

从离心压缩机训练数据集 $\boldsymbol{X}$ 中选取初始数据集 $\boldsymbol{X}_0 = \{x_i, y_i\}_{i=1}^{N_0}$，式中，$N_0 \geqslant L$。将其连续地输入到网络中，选取 Sigmoid 为激活函数，则基于 OS-ELM 神经网络的离心压缩机建模步骤如下：

（1）随机选取 a_i 与 $b_i, i=1,\cdots,L$。

（2）计算隐含层输出矩阵 $\boldsymbol{H}_0$：

$$\boldsymbol{H}_0 = \begin{bmatrix} g(a_1 x_1 + b_1) & \cdots & g(a_L x_1 + b_L) \\ \vdots & & \vdots \\ g(a_1 x_{N_0} + b_1) & \cdots & g(a_L x_{N_0} + b_L) \end{bmatrix}_{N_0 \times L} \quad (6.44)$$

（3）计算初始输出权值 $\boldsymbol{\beta}_0 = \boldsymbol{P}_0 \boldsymbol{H}_0^{\mathrm{T}} \boldsymbol{Y}_0$，式中，$\boldsymbol{P}_0 = (\boldsymbol{H}_0^{\mathrm{T}} \boldsymbol{H}_0)^{-1}$，$\boldsymbol{Y}_0 = (y_1, \cdots, y_{N_0})^{\mathrm{T}}$，并置 $K=0$，其中，K 为网络的数据段个数。

（4）将新采集到的数据 (x_{K+1}, y_{K+1}) 加入数据集，计算隐含层输出矩阵 $\boldsymbol{H}_{K+1}$，并根据式（6.45）更新 $\boldsymbol{P}_{K+1}$ 和 $\boldsymbol{\beta}_{K+1}$：

$$\begin{cases} \boldsymbol{P}_{K+1} = \boldsymbol{P}_K - \boldsymbol{P}_K \boldsymbol{H}_{K+1}^{\mathrm{T}} (1 + \boldsymbol{H}_{K+1} \boldsymbol{P}_K \boldsymbol{H}_{K+1}^{\mathrm{T}})^{-1} \boldsymbol{H}_{K+1} \boldsymbol{P}_K \\ \boldsymbol{\beta}_{K+1} = \boldsymbol{\beta}_K + \boldsymbol{P}_{K+1} \boldsymbol{H}_{K+1}^{\mathrm{T}} (\boldsymbol{Y}_{K+1} - \boldsymbol{H}_{K+1} \boldsymbol{\beta}_K) \end{cases} \quad (6.45)$$

（5）令 $K = K+1$，转步骤（4）进行迭代，直到所有样本数据训练结束。

当 $\mathrm{rank}(\boldsymbol{H}_0) = L$ 时，在线序列 ELM 算法就等价于原始 ELM 算法。OS-ELM 算法不仅能够一个一个地进行学习数据，还能够一批一批地学习数据，并且学习结束之后，立即放弃已经学过的数据。

6.3.2.2　在线更新

为了避免噪声等因素导致模型更新频繁，而导致算法实时性下降，采用在线滑动窗口技术指导预测模型的在线更新。基于 OS-ELM 的性能预测模型的输入参数 $\boldsymbol{X}$ 为入口压力和温度、质量流量以及转速；输出参数 $\boldsymbol{y}$ 为压缩机压比和温比的预测值。

基于 OS-ELM 的在线应用及模型更新步骤如下：

（1）输入初始训练样本集，设定网络参数，求得初始隐含层输出矩阵 $\boldsymbol{H}_0$ 和输出权值向量 $\boldsymbol{\beta}_0$，得到性能预测模型，并在线应用；

（2）在线选取窗口长度 M 和误差阈值 E，以及频率 F，对窗口内容的数据进行模型预测误差分析，当窗口内的模型预测误差频率大于 F，进入步骤（3），否则不更新，模型在线应用，同时，重复步骤（2）；

（3）在线学习：根据最新积累的样本数据序贯更新参数 H 和 β，返回步骤（2）。

6.3.3 应用研究

在实际运行中，CCPP 副产煤气燃料系统由于受前段炼钢/铁工艺的影响，煤气流量、压力和温度等波动较大，常常处于变工况运行状态，而且当煤气成分出现较大波动（前段工艺变化，如矿石种类变化）以及随着运行时间的推移，系统的特性还会出现漂移现象。为了使煤气系统能够描述这种动态时变特性，其模型需要及时快速在线更新。根据经验或生产要求对副产煤气燃料系统模型设定一个误差上限值，并对模型的预测输出进行实时监测。若系统监测到模型预测偏差大于所设定的临界值，则需要采用系统最新运行时段的数据对 OS-ELM 进行训练，从而快速地修正模型的预测偏差。同时，为了避免因为噪声等因素引起模型更新频繁而导致算法实时性变差，可以采用在线滑动窗口技术，通过对窗口内模型预测误差的分析综合判断模型的精度和稳定性，指导模型的在线更新。

利用 MATLAB R2014a 构建上述预测模型，其中副产煤气燃料系统机理模型中对模型影响较大的几个参数（如压缩机模型中的冲击系数、叶轮参考面积调节系数和冷却器温度模型中的总传热系数等）以及离心压缩机的几何尺寸可参考相关文献得到[37]。为了体现模型的在线更新过程，分别从不同时期的历史运行数据中选取较早一段运行时间的 200 组和最新一段运行时间的 255 组数据样本用于 OS-ELM 神经网络训练，另外在最新一段时间的运行数据中选出 100 组数据样本用于模型验证[38]。各模型的预测效果采用 RMSE 和 MAE 的准则来评价，给定 N 个测试样本有：$\text{RMSE} = \sqrt{\sum_{i=1}^{N}(y_i - Y_i)^2 \Big/ N}$，$\text{MAE} = \max_{i=1,\cdots,N}|y_i - Y_i|$，式中，$y_i$ 为实际输出值；Y_i 为模型预测值。

将上述数据样本用于验证各时段模型的预测性能，其预测的压比和温比如图 6.12 所示。为了更好地进行说明，机理模型的预测结果以及副产煤气系统实际的运行数据也都在同一图中画出。相比机理模型，基于 OS-ELM 的性能预测模型效果更好，与副产煤气系统的实际输出值更加吻合，并能够在一定程度上解决机理模型所存在的预测误差较大的问题。另外，各模型预测的 RMSE 和 MAE 分别列于表 6.5。可以看出，相比机理预测模型，该模型具有较高的预测精度。同时，利用较早时期的运行数据训练得到的预测模型，其预测压比的 RMSE 和 MAE 分别为 0.0253 和 0.0862，预测温比的 RMSE 和 MAE 分别为 0.0047 和 0.0136。通过使用在线滑动窗口技术,利用最新一段时间的运行数据对 OS-ELM 模型进行更新,其预测压比的 RMSE 和 MAE 分别为 0.0124 和 0.0498,预测温比的 RMSE 和 MAE 分别为 0.0034 和 0.011。可见,性能预测模型的预测误差有了明显的下降,实现了模型的快速在线更新。

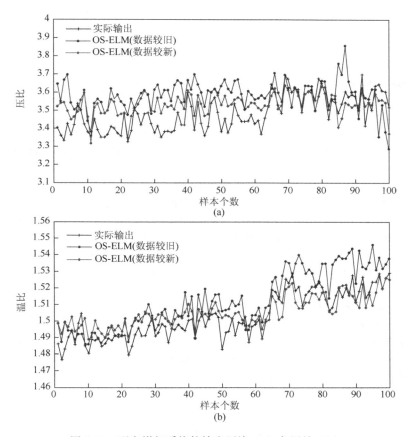

图 6.12　副产煤气系统的输出压比（a）与温比（b）

表 6.5　各模型的 RMSE 与 MAE 比较

模型	压比		温比	
	RMSE	MAE	RMSE	MAE
OS-ELM（数据较旧）	0.1516	0.1000	0.0124	0.0171
OS-ELM（数据较新）	0.0923	0.0630	0.0077	0.0130

参 考 文 献

[1]　王永骥，涂健.神经元网络控制[M]. 北京：机械工业出版社，1998.

[2]　朱大齐.人工神经网络原理及应用[M]. 北京：科学出版社，2006.

[3]　李国勇.神经模糊控制理论及应用[M]. 北京：电子工业出版社，2009：78-80.

[4]　葛哲学，孙志强.神经网络理论与 MATLAB R2007 实现[M]. 北京：电子工业出版社，2008：108-110.

[5]　须文波，杜润龙.多速粒子群优化算法及其在软测量中的应用[J]. 计算机应用，2007，27（3）：730-733.

[6]　Zhang H，Li X D，Li H，et al. Particle swarm optimization-based schemes for resource-constrained project scheduling [J]. Automation in Construction，2005，14（3）：393-404.

[7]　Kannan S，Slochanal S M R，Subbaraj P，et al. Application of particle swarm optimization technique and its variants to generation expansion planning problem[J]. Electric Power Systems Research，2004，70（3）：203-210.

[8]　Guo W，Qiao Y Z，Hou H Y. BP neural network optimized with PSO algorithm and its application in forecasting [J]. 2006IEEE，2006：617-621.

[9]　Bashir Z A，El-Hawary M E. Applying wavelets to short-term load forecasting using PSO-based neural networks [J]. Power Systems，2009，24（1）：20-27.

[10]　王雪.测试智能信息处理[M]. 北京：清华大学出版社，2008.

[11]　王凌，刘波.微粒群优化与调度算法[M]. 北京：清华大学出版社，2008.

[12]　Michalewicz Z，Krawczyk J B，Kazemi M，Genetic algorithms and optimal control problems[C]//Proceedings of 29th IEEE Conference on Decision and Control，1990，1：1664-1666.

[13]　程开明.统计数据与处理的理论与方法述评[J]. 统计与信息论坛，2007，22（6）：98-103.

[14]　Broomhead D S，Lowe D. Multivariable functional interpolation and adaptive networks[J]. Complex system，1988，2（3）：321-355.

[15]　Sherstinshky A，Picard R W. On the efficiency of the orthogonal least squares training method for radial basis function networks [J]. IEEE Trans. On Neural Networks，1996，7（1）：195-200.

[16]　He J，Liu H Y. The application of dynamic K-means clustering algorithm in the center selection of RBF neural networks[C]. Third International Conference on Genetic and Evolutionary Computing，2009：488-491.

[17]　Moody J，Darken C J. Fast learning in networks of locally-tuned processing units[J]. Neural Computation，1989，1（2）：281-294.

[18]　田雨波.混合神经网络技术[M]. 北京：科学出版社，2009.

[19]　卢涛，陈德钊.径向基网络的研究进展和评述[J]. 计算机工程与应用，2005（4）：60-63.

[20]　Reed R. Pruning algorithms—A survey [J]. IEEE Transactions on Neural Networks，1993，4（5）：740-747.

[21]　Hirose Y，Yamashita K，Hijiya S. Back-propagation algorithm which varies the number of hidden units [J]. Neural Networks，1991，4（1）：61-65.

[22]　Fogel D B. An information criterion for optimal neural network selection [J]. IEEE Transactions on Neural Networks，1991，2（5）：490-497.

[23]　蔡磊，程国建，潘华贤，等. 极限学习机在岩性识别中的应用[J].计算机工程与设计，2010，31（9）：2010-2012.

[24]　潘孝礼，肖冬，常玉清，等. 基于极限学习机的软测量建模方法研究[J]. 计量学报，2009，30（4）：324-327.

[25]　Huang G B，Zhu Q Y，Siew C K.Extreme learning machine：A new learning scheme of feed forward neural networks [C]. Proceedings of the International Joint Conferenceon Neural Networks. Piscataway：Institute of Electrical and Electronics Engineers Inc，2004：985-990.

[26] Huang G B，Zhu Q Y，Siew C K. Extreme learning machine：Theory and application[J]. Neurocomputing，2006，70（1/2/3）：489-501.

[27] Zong W W，Huang G B，Chen Y Q. Weighted extreme learning machine for imbalance learning[J]. Neurocomputing，2013，101（3）：229-242.

[28] Liang N Y，Huang G B，Saratchandran P，et al. A fast and accurate online sequential learning algorithm for feedforward networks[J]. IEEE Transaction on Neural Networks，2006，17（6）：1411-1423.

[29] Hoang M T T，Huynh H T，Vo N H，et al. A robust online sequential extreme learning machine [J].LNCS，2007，4491：1077-1086.

[30] Huynh H T，Won Y. Regularized online sequential learning algorithm for single-hidden layer feedforward neural networks [J]. Pattern Recognition Letters，2011，32：1930-1935.

[31] Zhao J W，Wang Z H，Park D S. Online sequential extreme learning machine with forgetting mechanism[J]. Neural Computation，2012，87：79-89.

[32] Rao C R，Mitra S K. Generalized inverse of matrices and its applications[M]. Baltimore and London：Wiley，1971.

[33] Serre D. Theory and applications[M]. New York：Springer，2002.

[34] Ortega J M. Matrix Theory[M]. New York and London：Plenum Press，1987.

[35] Edwin K，Stanislaw H Z. An introduction to optimization[J]. Antennas and Propagation Magazine IEEE，2001，38（2）：1-40.

[36] Golub G H，Van Loan C F. Matrix computations[M]. Baltimore：Johns Hopkins University Press，1996，47（5）：392-396.

[37] Chu F，Wang F L，Wang X G, et al. A model for parameter estimation of multistage centrifugal compressor and compressor performance analysis using genetic algorithm[J]. Science China（Technological Sciences），2012，55（11）：3163.

[38] 褚菲，叶俊锋，马小平，等. 基于 OS-ELM 的 CCPP 副产煤气燃料系统在线性能预测[J]. 北京科技大学学报，2016，38（6）：861-866.

7 离心压缩机防喘控制模型及其应用

随着社会不断发展，经济不断进步，我国工业化和信息化水平不断融合和深化，如何利用先进的信息技术和自动化技术实现工业企业的综合经济效益最优是我们自动化人所关心的问题。离心压缩机因为其众多优势，在许多工业领域内都有着不可替代的作用，并且在未来的社会中，离心压缩机的重要性会更胜从前。本书前几章介绍了离心压缩机的基本工作原理，并重点探讨了压缩机的各种建模方法，从机理建模到数据建模，到混合建模，再到人工智能方法的建模，初步探讨了人工智能方法在工业实际对象上应用的可能。然而，建立过程模型的目的是为了进一步实现优化控制，保证生产过程安全高效进行，实现企业、社会和环境的综合效益最大化。本章将在上述章节的基础上介绍离心压缩机模型的应用，首先介绍燃气-蒸汽联合循环发电机组的应用背景，然后介绍离心压缩机防喘控制的基本方法和基于模型的压缩机防喘控制策略，最后介绍防喘控制模型在 CCPP 上的应用实例。

7.1 CCPP 概述

我国是一个能源生产和消费的大国，就一次能源消费总量和发电量而言，仅次于美国居世界第二位，但人均能源消费量仅居世界第 89 位[1]，造成了能源生产制约了国民经济的飞速发展。因此，优先发展能源产业，科学地利用能源资源，必将成为我国一项长期的战略任务。

长期以来，煤电是我国乃至世界电力工业的主导，但依靠燃煤蒸汽轮机电站来实现发电存在着供电效率不高和日益严重的煤电污染排放的问题。虽然目前燃煤电站的供电效率从亚临界参数电站的 38%～41.9%提高到超临界参数电站的 40%～44.5%，但正在发展的超临界机组的最高供电效率预估值也只为 47.7%。而环保方面，虽然现在燃煤电站大力发展环保装置，如采用烟气脱硫装置（FGD）解决 SO_x 的排放问题，但费用很高，大约要占全电站总投资费用的 20%～25%，且运行费用也很昂贵，而且 FGD 的使用还将使电站的供电效率下降 1 个百分点左右[2]。因而，对于发展中国家来说，FGD 方法往往是可望而不可即的。而大型燃气-蒸汽联合循环发电机组，由于具有众多的优点，很好地解决了燃煤电站所面临的两大问题。

CCPP 的优势是把两个使用不同工质的独立的动力循环，通过能量交换联合在一起的循环。燃气-蒸汽联合循环就是燃气轮机通过油或天然气与压缩空气混合后进入燃烧室燃烧，燃烧后产生的高温气体经喷嘴喷向叶轮，燃气膨胀做功，高温燃气推动叶轮旋转驱动发电机发电，热能转化为机械能再转化为电能，做功后的高温排气送入余热锅炉中加热水产生蒸汽，蒸汽再送到汽轮机中做功，这样燃气循环和蒸汽循环构成了联合循环。

根据热力学原理，理想热力循环（卡诺循环）的效率为 $\eta = 1 - T_2 / T_1$，式中，T_1 为热源温度；T_2 为冷源温度。公式表明，热源温度越高，冷源温度越低，则循环效率越高[3]。

燃气-蒸汽联合循环中的高温热源温度（透平初温）高达 1100～1300℃，远远高于一般蒸汽循环常采用的主蒸汽温度 540℃，而燃气-蒸汽联合循环中的低温冷源温度（凝汽器温度）为 29～32℃，远远低于一般燃气循环的排气温度 450～640℃[4]，也就是燃气-蒸汽联合循环从非常高的高温热源吸热，向尽可能低温的冷源放热，因此燃气-蒸汽联合循环的热效率比组成它的任何一个循环的热效率都要高得多。

与燃煤蒸汽轮机电站相比，燃气-蒸汽联合循环发电具有以下一些特点。

（1）效率高

燃煤机组由于受到材料温度极限的限制，蒸汽参数不可能无限制提高。而联合循环机组的单机功率和供电效率现已提高到 480MW 与 60%[5]。显然，联合循环的单机功率已经可以与燃煤蒸汽轮机相抗衡，完全可以承担基本负荷，而供电效率则独占鳌头。

（2）环保性能好

燃气-蒸汽联合循环电厂控制系统的研究与应用由于燃气轮机的主要燃料天然气属于洁净能源，含尘量和含硫量极低，燃气轮机燃烧室的燃烧效率几乎近100%，因此排气中未燃烧的碳氢化合物，一氧化碳含量极其微小，烟尘和 SO_x 污染物也极少，可以满足环保要求。

（3）机组启停速度快

大型燃气-蒸汽联合循环机组从启动到满负荷运行，比汽轮机组快得多[6]。因此为了提高电网运行的机动性，用燃气轮机机组作为备用电源是完全必要的[7]。

（4）耗水量少

燃气轮机不需要大量的冷却水，一般燃气轮机单循环只需火电厂的 2%～10% 的用水量，联合循环也只需同容量火电厂的 30%左右。

（5）运行自动化程度高

联合循环电厂采用先进的集散控制系统，需要很少的职工和维修费用，一般只有同容量火电厂人员的 20%～25%。而联合循环的运行可用率也不比燃煤蒸汽轮机电站差，可达到 85%～90%。

（6）在同等条件下，占地少，投资费用低

燃机为整体式，结构紧凑，占地小。与同容量火电厂相比，联合循环电厂占地面积只有火电厂的 30%～40%，建筑面积也只有火电厂的 20%[8]。燃气轮机及其联合循环机组的投资费用远低于带有 FGD 的燃煤蒸汽轮机电站。

因此，可得出在燃烧天然气或液体的前提下，无论在供电效率、发电成本、污染排放量、运行方式以及运行维护的可靠性方面，燃气-蒸汽联合循环电厂控制系统的研究与应用燃气-蒸汽联合循环的发电方式都要比有 FGD 的燃煤蒸汽电站优越，因而它越来越受到人们的青睐，在世界发电容量中所占的份额快速增长。

7.1.1　CCPP 在钢厂中的应用

CCPP 联合循环发电作为一种高效环保的新型发电技术，不仅仅应用于发电企业，目前在钢铁企业中也得到广泛应用。在我国，宝钢集团有限公司、鞍山钢铁集团公司、首钢集团、莱芜钢铁集团有限公司等十几家钢铁企业已经建成应用 CCPP 发电的备用电厂，并已经投入使用。目前，各个钢厂的 CCPP 运行稳定，在机组的控制调节方面获得了丰富的经验并已经取得了良好的经济效益和社会效益。

电厂使用的常规 CCPP 的主要燃料是轻油和天然气。而在钢铁行业中，会产生大量的焦炉煤气、高炉煤气、转炉煤气等，这些煤气可以作为加热燃料利用。但是在企业内部，由于产生量往往大于消耗量或者生产过程衔接困难，有一部分煤气要通过放散塔燃烧排空，造成能源浪费和环境污染。钢铁厂 CCPP 便使用这些炼铁副产物——中低热值富余煤气作为主要燃料，能大幅度减少煤气排放量，提高利用率，取得很好的环保效果。只要有适当容量的缓冲煤气用户相配合，钢铁厂的高炉煤气基本上能够全部被利用，达到高炉煤气零排放，节能和环保效果非常明显。另外，备用电厂产生的电能能够应用于钢铁企业自身的生产用电，这样就减少了很大一部分用电开支，经济效益显著。

本书研究的是上海宝山罗泾长江之畔的宝钢股份中厚板分公司采用的 CCPP。宝钢燃气-蒸汽联合循环发电工艺流程从煤气供应开始，从总公司高炉、焦炉两种煤气管网中引入煤气，高炉煤气和焦炉煤气经过煤气净化后在煤气混合站混配成热值（低位）及压力稳定的混合煤气。然后经煤气压缩机加压送给燃气轮机，在燃气轮机内与空气混合燃烧，产生的高温高压气体推动叶轮做功，把化学能转化为机械能，再经发电机转化成电能；燃气轮机中做功后排出的高温废气带有大量的余热，这部分废气又被送往余热锅炉，经余热锅炉换热产生蒸汽，送至蒸汽发电机组的汽轮机中做功,带动蒸汽发电机再次发电,燃气轮机和蒸汽机发出的电经过升压变压器升压后与社会电网并网。

与主流程配套的还有公辅系统,包括燃油供应、氮气供应、锅炉水供应、循环冷却水供应等,它们是正常发电生产的必要保证。整个燃气-蒸汽联合循环发电工艺流程图如图 7.1 所示。

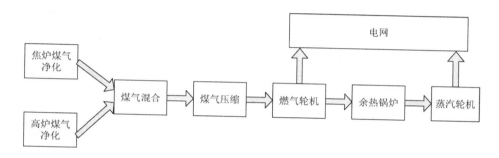

图 7.1　燃气-蒸汽联合循环发电工艺流程图

7.1.2　钢厂备用电厂 CCPP 的组成和工艺流程

7.1.2.1　CCPP 的组成和工艺流程

铁矿石及其他原料经 COREX 熔融气化炉及直接还原竖炉产生煤气送往 30W 煤气柜,再经脱硫及除湿装置送至 CCPP(包括机组燃气轮机及蒸汽轮机机组),并设置 COREX 煤气燃烧放散塔,当 CCPP 异常,无法燃烧煤气时,对 COREX 煤气进行燃烧放散(图 7.2)。

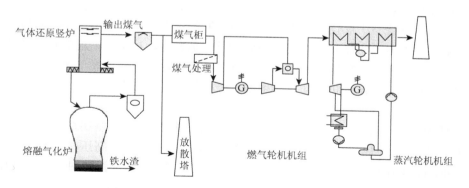

图 7.2　CCPP 与 COREX 工艺链运行方式示意图

CCPP 采用双轴制：燃气轮机、发电机组、空气压缩机及煤气压缩机为一轴，余热锅炉与燃气轮机径向布置；蒸汽轮机和发电机组为一轴。燃气轮机采用发电机作为同步电动机变频启动，轻油作为启动燃料（图 7.3）。

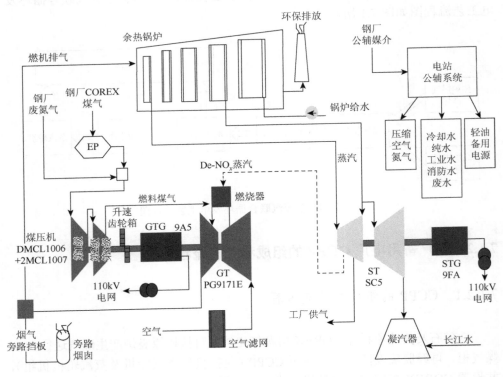

图 7.3　CCPP 工艺系统示意图

COREX 煤气经过煤气处理装置处理后，进入燃气轮机的燃烧室。

煤气在燃烧室中燃烧后产生温度为 1125℃的高温高压烟气送至燃气轮机驱动透平做功。燃气透平做功产生的功率驱动发电机发电，扣除所消耗的功率及其他损失后，发电机端的额定输出功率为 101.25MW。除此之外，燃气透平还可驱动煤气压缩机及空气压缩机做功，利用燃气轮机的排气来产生蒸汽。

燃机透平出口排烟温度 538℃，正常情况下，烟气直接进入余热锅炉，特殊情况下，可通过旁路烟囱直接排入大气。烟气进入余热锅炉后，与锅炉中的气水介质进行热交换，产生两种参数的蒸汽，其中，高压蒸汽额定发生量 198t/h、8.163MPa（绝压）、512℃，低压蒸汽额定发生量 53t/h、0.411MPa（绝压）、181℃。

产生的两种蒸汽直接送入蒸汽轮机，驱动蒸汽轮机进行做功，蒸汽透平做功产生的功率驱动发电机发电，发电机端的额定输出功率为 68.2MW。做功后的乏汽进入凝汽器，放热后成为冷凝水，由凝结水泵送回到余热锅炉低压省煤器。同时，可以分别抽出 12.2t/h 和 40t/h 蒸汽用于降低 NO 排放和向全厂送汽，当汽轮机故障时，高、低压蒸汽分别通过旁路减温减压装置后进入凝汽器，实现了该双轴布置的联合循环机组运行的机动灵活性。

本书中的 CCPP 项目选用的燃气轮机为 GE 公司的 E 型，目前其发电效率为 48.39%，供电效率为 47.66%。

7.1.2.2 CCPP 煤气系统的组成和工艺流程

炼铁厂 CCPP 使用钢铁厂炼铁副产物——中低热值富余煤气作为主要燃料，能够大幅度减少煤气排放量，起到节能和环保的作用[9]。一般把钢铁企业电厂使用的燃料供给系统统称为煤气系统。煤气系统主要负责对炼钢/铁过程的副产煤气进行缓冲、除尘、热值调整、压力和流量调节等处理，以期满足燃气轮机对煤气压力等各项参数的要求。煤气系统主要由四大部分组成。

（1）除尘装置。煤气系统中设有湿式电除尘器，用于除去 COREX 煤气中的杂质，起到清洁煤气的作用。

（2）调整热值装置。由于 COREX 煤气热值过高，不能满足燃气轮机正常工作时的要求，在煤气系统中设有掺氮装置，对煤气掺入低热值的氮气以降低其热值。

（3）气水分离装置。煤气掺氮后以及冷却后会混入部分水雾，而水雾会腐蚀管道，干扰控制阀的调节，影响燃气轮机正常工作。因此，煤气系统中设有气水分离器，起到去除煤气中水雾的作用。

（4）加压装置。燃气轮机工作时需要高压煤气作为燃料，煤气系统中设有压缩机，起到对煤气加压的作用。由于对压力的要求非常高，往往需要多级压缩机联合工作。在每级压缩机出口设有冷却器，对高温气体进行降温。

图 7.4 为宝钢集团有限公司罗泾电厂 CCPP 煤气系统示意图。CCPP 煤气系统工艺流程为：COREX 煤气通过掺氮和热值调整后进入湿式电除尘器除尘，将含尘量降至 $1mg/m^3$ 以下，进入第一级气水分离器脱水后，进入低压段煤气压缩机，加压到 0.33MPa、167℃后，进入第一级冷却器，使煤气降温到 32℃和第二级气水分离器脱水后，进入高压煤气压缩机一段，加压至约 0.90MPa，温度约为 152℃后，进入第二级冷却器使煤气温度降到 32℃，通过第三级气水分离器脱水后，进入高压煤气压缩机二段，加压到 2.36MPa、150℃，经煤气调压控

制阀组进入燃烧室,燃烧用空气经空气过滤器过滤后经压气机加压至 1.237MPa、385℃,进入燃烧室,在燃烧室中,煤气以较大的过剩空气系数进行燃烧。高压和低压压缩机均设有经煤气冷却器降温冷却后的防喘振回流保护系统,同时在高压压缩机二段出口处设有旁通回流,当压缩机的油密封系统出现故障时,全量煤气经循环冷却器降温和旁通减压后返回,并在电除尘器入口前的管道上接入,避免煤气放散。

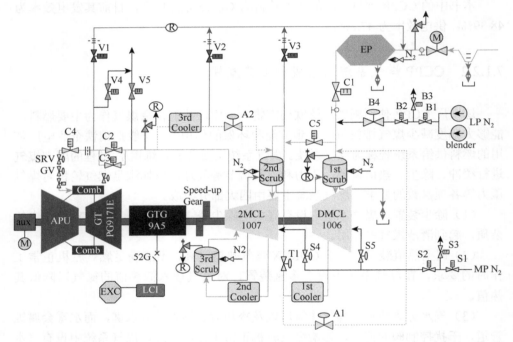

图 7.4　CCPP 煤气系统示意图

aux:辅助齿轮箱;APU:压气机;GT:燃气轮机;GTG:燃机发电机;2MCL:高压煤压机;
DMCL:低压煤压机;LCI:变频启动装置;Scrub:煤水分离器;Cooler:煤气冷却器;
EP:湿式电除尘器;blender:一种气体混合装置

7.1.3　钢厂备用电厂 CCPP 运行的特殊问题

尽管 CCPP 在钢厂中的应用能够解决能源污染问题,提高能源使用效率,但是,设备在使用过程中也存在着一些技术不足的问题,有待于进一步改进。

由燃气轮机、余热锅炉和汽轮机构成的联合循环的特性,是指机组并网并在稳定工况或平衡工况下运行,也就是 3 个部件相互关联平衡运行时的装置总体性能。

联合循环机组在设计工况时,机组性能最好,表现为热效率最高,偏离设计工况运行时机组性能（变工况性能）急剧下降。在影响联合循环机组变工况性能的众多因素中，机组负荷（出力）最为重要，其次依次是大气条件（大气温度、压力和湿度）、循环冷却水温度和流量、汽轮机背压、机组老化和电网频率等。

与一般电厂机组相比，作为钢厂备用电厂所用的联合循环机组除了上述特性外，还有一些独特的特性。本书以宝钢集团有限公司与美国 GE 公司签约建造的世界上首台燃烧中热值 COREX 炉煤气的大容量燃气-蒸汽联合循环发电机组为例进行分析。

（1）备用电厂机组的燃料不再是一般电厂常选用的轻油或天然气，而是由 COREX 炉炼铁工艺提供的富裕煤气。因此需要有特定的煤气系统对煤气进行预处理以满足联合循环机组对煤气质量的要求，包括流量、热值和压力等要求。而煤气系统中最重要的部分是煤气压缩机，压缩机在使用过程中存在的最大问题是喘振问题。

（2）虽然备用电厂机组与一般电厂机组一样，是并网发电，但是备用电厂的机组负荷很难跟随电网 AGC 自动负荷调度系统的调配，不参与电网的一次调频，机组的发电量根据 COREX 炉炼铁工艺的富裕煤气的供给情况来定。这也使得钢厂备用电厂的机组运行优化问题具体为：根据当前的煤气供给情况合理制订机组运行计划，提高能源回收率和尽量减少煤气的放散。因此，对 CCPP 运行过程中的出力预测十分有必要。

由以上两个因素可知，备用电厂机组负荷需要根据 COREX 炉炼铁工艺的情况随时进行调整，例如，当 COREX 炉炼铁工艺休风时，机组就要进行计划停机；当 COREX 炉炼铁工艺提供的煤气量达不到机组满负荷运行的需求时，机组就要进行部分负荷的调控，因此各部门之间的协调配合是联合循环机组安全高效运行的保障。实际上，受 COREX 炉炼铁工艺供应煤气量的影响，当前宝钢集团有限公司机组绝大部分时间是运行在 70%～80% 负荷。

由以上分析可知，与一般电厂机组变工况模型不同，关于建立的钢厂备用电厂联合循环机组的变工况模型，模型的输出不再是机组的热耗率，而是需要根据煤气量做调整的机组出力，模型的输入分别是大气条件（大气温度和压力）、循环冷却水温度和流量、汽轮机背压、COREX 煤气流量和热值、机组总点火时间，其他因素因对机组出力的影响相对较小而忽略[10]。

7.2 炼铁富余煤气热力性质在线计算方法

钢厂 CCPP 煤气系统负责对炼钢/铁工艺的富余煤气进行除尘、加压、热值调整和流量控制等，其运行状况的好坏直接影响联合循环机组的安全、稳定运行，因此，其性能分析和优化运行问题十分重要[11]。而煤气系统的性能分析和优化运行都以知道确切的煤气热力学性质为前提，因此富余煤气热力学性质的分析和计算是至关重要的[12]。

富余煤气的主要成分及其含量随着炼钢/铁工艺的不断改进和所选用矿石种类的不同而变化，其热力学性质不可能从已知的实验数据直接查得。此外，CCPP运行工况变化频繁，包括大气温度、压力、湿度和矿石种类的变化等。因此，必须采用通用公式化的计算方法和图表加以计算。

本节首先对 CCPP 富余煤气的热力学性质进行分析，判断其是否满足通常混合气体热力学性质计算的前提假设，并给出富余煤气热力学性质计算用到的计算公式；然后对变工况下 CCPP 富余煤气热力学性质的影响因素进行分析，给出准确简捷的计算方法。CCPP 富余煤气热力学性质分析和数值计算的结果均以国内某钢厂 CCPP 燃用的 COREX 富余煤气为对象（以下简称湿煤气）。

7.2.1　湿煤气热力学性质分析

通常，湿混合气体热力学性质的计算需要满足 3 个假设：①湿混合气体是理想气体混合物；②混合气体成分的存在不影响水蒸气与凝聚水之间的相平衡，其平衡温度可按水蒸气分压力的饱和温度确定；③当水蒸气凝结成液体或固体时，液体或固体中不包含溶解的混合气体成分。这些假设是否成立关系到热力学性质计算所用公式的适用性和计算结果的精度，如果假设成立，湿煤气热力学性质就可以按通常湿混合气体的计算方法来计算，计算很简单，否则，计算过程将极为复杂。因此有必要对 CCPP 湿煤气是否满足以上假设进行分析。

7.2.1.1　湿煤气理想气体性质的分析

湿煤气由干煤气和水蒸气组成，各成分体积分数见表 7.1。湿煤气能否看作理想气体混合物取决于其组成气体是否具有理想气体的性质，即水蒸气和干煤气是否可以看作理想气体。在 CCPP 煤气系统中，各级压缩机入口的湿煤气都经过了前段冷却器的冷却和分离器的干燥，因此压缩湿煤气的温度通常不超过 50℃，处于水饱和状态，经过分离器的水蒸气分压力很低。表 7.2 列出了 0～90℃的水蒸气饱和压力与饱和水蒸气压缩因子值[13]。

表 7.1 湿煤气成分及各成分体积分数

成分	设计值/%	波动范围/%
N_2/Ar	2.20	—
H_2	17.72	16.1～26.9
CO_2	33.17	26.9～37.6
CO	45.23	43～53.8
CH_4	1.68	—

表 7.2 0～90℃的水蒸气饱和压力与饱和水蒸气压缩因子值

$T/℃$	压力/kPa	压缩因子
0	0.6108	0.9997
20	2.3368	0.9989
40	7.374	0.9975
60	19.919	0.9951
80	47.539	0.9910

文献[13]指出，理想气体的压缩因子值等于 1，实际气体的压缩因子值趋于 1 时，性质都趋于理想气体。由表 7.1 中参数可知，当温度不超过 80℃时，水蒸气饱和压力很低，饱和水蒸气压缩因子与 1 的偏差小于 1%，趋于理想气体性质。表 7.3 是厂方提供的 35℃和 36.5℃时煤气的压缩因子值，其压缩因子值与理想气体压缩因子的偏差小于 1%，因此在很宽的压力范围内干煤气可以看成理想气体。

表 7.3 不同温度、压力下干煤气的压缩因子

$T/℃$	压力/kPa	压缩因子
35	106	0.999
35	239	0.997
36.5	732	0.992

由以上分析可知，干煤气和水蒸气都可看作理想气体，因此，湿煤气完全可看成理想气体混合物，理想气体混合物的计算方法适用于湿煤气气相热力学性质参数的计算。

7.2.1.2　水与水蒸气相平衡计算的影响分析

单纯水蒸气与水平衡时，气液两相的压力相等，均为温度 T 对应的纯水饱和蒸汽压力 p_t；而在饱和湿煤气中，凝聚水相的压力与水蒸气相的压力不相等，凝聚水的压力为湿煤气的总压力，即干煤气的分压力 p_g 与水蒸气分压力 p_s 之和；而与凝聚水处于平衡状态的水蒸气的压力即为水蒸气分压力 p_s，因此，饱和湿煤气中的相平衡问题属相压不等时的相平衡问题。根据道尔顿定律和坡印亭方程[14]可以得到温度为 T 时湿煤气中的饱和蒸汽压力 p_s 与湿煤气总压力 p 及纯水饱和蒸汽压力 p_t 的关系：

$$p_s = p_t \exp\left\{\frac{(p-p_t)}{R \cdot T \cdot \rho_l}\right\} \tag{7.1}$$

式中，p_s 为饱和蒸汽压力；p_t 为纯水饱和蒸汽压力；p 为湿煤气总压力。不同温度和压力下饱和蒸汽分压力 p_s 的计算结果见表 7.4。

表 7.4　不同温度和压力下饱和蒸汽压力 p_s 的计算结果

$T/℃$	p_t/kPa	湿煤气总压力 p/kPa			
		100	500	1000	2000
0	0.6108	0.6116	0.6131	0.61565	0.6205
20	2.3368	2.339	2.346	2.354	2.372
40	7.3749	7.380	7.400	7.426	7.478
60	19.919	19.93	19.98	20.05	20.18

由表 7.4 可见，在湿煤气总压力小于 1MPa 的条件下，湿煤气中的饱和蒸汽压力与纯水饱和蒸汽压力的差别小于 1%。在 CCPP 煤气系统中，各级压缩机入口湿煤气的压力一般都在 1MPa 以下，因此在湿煤气的热力学性质计算中，完全可以认为湿煤气的饱和蒸汽压力与纯水饱和蒸汽压力相等。至于假设③，在煤气系统的压缩干燥过程中再溶解的煤气成分量很少，本书不再讨论。

7.2.2　湿煤气热力学性质的通用计算公式

7.2.2.1　干煤气和水蒸气热力学性质通用计算公式

由道尔顿定律，单位摩尔干煤气热力学性质 E_g 的计算公式（平均分子量 M_g、

比定压热容 c_p、比定容热容 c_v、内能、焓值 I 等）为

$$E_g = \sum E_i \cdot \theta_i \qquad (7.2)$$

式中，E_i 为干煤气各个成分的热力学性质（比定压热容、焓值等），是温度的单值函数。已知干煤气的温度 T，其各成分的热力学性质可以查表得到，代入式（7.2）便可得干煤气在温度 T 时的热力学性质。干煤气各成分的热力学性质也可以用温度的幂级数多项式来计算[15]，以比定压热容为例：

$$c_p = B_0 + B_1 \cdot T + B_2 \cdot T^1 + B_3 \cdot T^3 + \cdots \qquad (7.3)$$

多项式系数 B_i 可以查表得到[16]。将式（7.3）代入式（7.2）便可得到干煤气比定压热容关于温度的幂级数多项式：

$$c_p^g = B_0^g + B_1^g \cdot T + B_2^g \cdot T^1 + B_3^g \cdot T^3 + \cdots \qquad (7.4)$$

多项式系数 B_i^g 可由式（7.5）得到：

$$B_i^g = \sum B_j^i \cdot \theta_j \qquad (7.5)$$

式中，B_j^i 是干煤气各成分比定压热容温度幂级数多项式的系数。干煤气的其他热力学性质（比定容热容、内能、焓值等）都可以通过类似计算得到。

单位质量干煤气的热力学性质 e_g 可由相应每摩尔干煤气的热力学性质除以干煤气的平均分子量 M_g 得到：

$$e_g = \frac{E_g}{M_g} \qquad (7.6)$$

水蒸气的热力学性质 E_g 也可通过类似方法计算得到。

7.2.2.2 湿煤气热力学性质通用计算公式

湿煤气的热力学性质取决于干煤气和水蒸气的热力学性质，干煤气和水蒸气的热力学性质可由上一节给出的通用公式计算，因此湿煤气热力学性质的计算关键在于干煤气与水蒸气的体积分数。

由于湿煤气中的水蒸气都处于水饱和状态，已知湿煤气的温度 T 和压力 p 可以查表得到水蒸气的分压力 p_s 和分密度 ρ_s，由道尔顿分压定律知，干煤气的分压力 p_g 可由下式计算：

$$p_g = p - p_s \tag{7.7}$$

干煤气的分密度 ρ_g 可由下式计算：

$$\rho_g = \frac{p_g}{R_g \cdot T} \tag{7.8}$$

式中，R_g 是干煤气的气体常数。湿煤气中干煤气和水蒸气的体积分数分别为

$$\theta_g = \frac{M_s \cdot \rho_g}{M_s \cdot \rho_g + M_g \cdot \rho_s} \tag{7.9}$$

$$\theta_s = \frac{M_g \cdot \rho_s}{M_s \cdot \rho_g + M_g \cdot \rho_s} \tag{7.10}$$

单位摩尔湿煤气的热力学性质 E 可由式（7.2）计算，单位质量湿煤气的热力学性质 e_g 可由式（7.6）计算。此外，还可以计算出湿煤气的气体常数、密度及所含干煤气和水蒸气的质量比等，此处不再赘述。

7.2.3 湿煤气热力学性质简捷计算方法

CCPP 的运行环境包括大气条件、冷却水温度/流量以及矿石种类等，变化十分频繁，机组经常处于变工况运行状态，这给整个系统的模拟及煤气热力学性质的计算都带来很多困难。其中对于煤气热力学性质计算的影响主要有：①水分析出对煤气热力学性质计算的影响；②煤气温度未知，且系统各处煤气温度水平不一致；③压缩机压缩过程中煤气温度升高对煤气热力学性质的影响。

分别以数值计算的形式分析煤气各成分波动、水分析出和温度变化对煤气热力学性质的影响，然后给出相应合理的简捷计算方法。以湿煤气的平均分子量、比定压热容、比定容热容和比热比为例进行分析。在表 7.1 所列煤气各成分波动范围内，选择 3 种煤气成分含量配比，在压力为 106kPa 时，取不同温度计算湿煤气的上述热力学性质，结果见表 7.5。

表 7.5 湿煤气热力学性质计算结果

组合	t/℃	平均分子量 M	C_p/(J·kg^{-1}·K^{-1})	C_v/(J·kg^{-1}·K^{-1})	比热比 τ
1	35	27.9811	1092.3	800.7888	1.3640
2	35	31.9687	967.1	713.9799	1.3545

组合	t/℃	平均分子量 M	C_p/(J·kg^{-1}·K^{-1})	C_v/(J·kg^{-1}·K^{-1})	比热比 τ
3	35	24.2786	1257.3	921.0101	1.3651
3	45	24.0633	1275.1	934.8864	1.3639
3	170	23.7373	1304.1	957.0292	1.3627
3	180	23.7202	1304.1	957.0298	1.3627

比较表 7.5 中前 3 行的计算结果可以看出，煤气各成分含量波动对湿煤气热力学性质的影响较大，其原因是湿煤气各成分之间的热力学性质相差甚大。表 7.5 中其他 3 行是配比 3 在不同温度下热力学性质的计算结果，可以看出，湿煤气热力学性质随温度升高有一定的变化，这与湿煤气各成分的热力学性质是温度的单值函数有关，但是温度变化不大时，以 CCPP 湿煤气日平均 10℃ 以内的温度波动范围为例，湿煤气的热力学性质值变化幅度都在 1.5% 以内，而且随着温度的升高，热力学性质的变化幅度越小，趋于稳定，即温度变化对湿煤气热力学性质的影响相对较小。

水饱和湿煤气在煤气系统中经过压缩和冷却后，会有一部分水分析出。假定 35℃ 配比 3 湿煤气经压缩和冷却后压力由 106kPa 升高到 351kPa，温度降回 35℃，湿煤气热力学性质计算结果如下：24.5070（M），1240.8（C_p），908.0997（C_v），1.3664（τ）。与表 7.5 中第 3 行比较，热力学性质变化幅度均在 1.5% 以内，即水分析出（或压力升高）对湿煤气热力学性质的影响较小。

综合考虑各因素对湿煤气热力学性质影响的大小，对于系统模拟时湿煤气热力学性质的计算给出以下建议：①在系统模拟精度允许的情况下，可以忽略因水分析出对湿煤气热力学性质的影响；②在系统各处温度未知时，可根据经验估算系统各处的温度水平，给出合适的温度参考值，以参考值计算系统各处湿煤气的热力学性质；③多级压缩机采用逐级叠加法进行性能模拟时，可以在计算每级性能时，根据本级入口温度和压力重新计算湿煤气的热力学性质，以消除温度变化较大对湿煤气热力学性质的影响。

7.3 离心压缩机防喘控制策略

钢厂备用电厂 CCPP 煤气系统最重要的作用是离心压缩机的防喘控制。离心压缩机是一种高速旋转机械，可以满足工业上对气体压缩的各种需求，应用范围广泛。离心压缩机有很多优点，但其本身也有难以消除的缺点，其中喘振严重威胁系统的安全。因此，对离心压缩机进行防喘控制策略研究十分重要。

7.3.1　离心压缩机防喘控制方法概述

7.3.1.1　离心压缩机的调节方法

通常采用的调节方法可以分为三类：节流调节、变转速调节和变压缩机元件调节，简要介绍如下：

1）节流调节

对用交流电机，转速一般恒定时，常采用这类调节方法。

（1）排气节流调节：在压缩机输出管上装节流阀，控制流量和管网压力。由于节流阀安装在管网内，改变阀的开度，就改变了管网的阻力特性，即改变了压缩机的联合运行工况。这种调节方法比较简单，但带来附加的节流损失，如果压缩机特性线陡，调节量大，这种附加损失就大，所以这种方法是不经济的，一般只在小型鼓风机和通风机上使用，在压缩机上采用得比较少。

（2）进气节流调节：把节流阀装在压缩机进气管线上，就称为进气节流调节。由于节流阀的启闭，改变了压缩机的输入状态，压缩机特性线也就跟着改变。采用进气节流调节的优点是，关小进气阀，使压缩机特性线向小流量区移动，从而可以使压缩机在更小的流量范围内稳定运行。

2）变转速调节

对于诸如汽轮机、燃气轮机等驱动的压缩机采用变速调节最方便，为了节能，许多电动机驱动的压缩机也通过变频改变转速。和节流调节的两种方法比较，变转速的调节最经济，它没有附加的节流损失，所以它是现在大型压缩机经常采用的调节方法。

3）变压缩机元件调节

通过改变压缩机内部元件的结构和尺寸来改变特性曲线，改变联合运行点。离心压缩机常采用的有可转动进口导叶和可调叶片扩压器。工况变动后，进入离心压缩机扩压器的节流方向发生变化，在叶片扩压器入口出现冲角。如果流量减小过多，在叶片凹面形成严重的脱离而引起压缩机喘振。如果在流量改变时相应改变叶片扩压器进口几何角以减小气流的冲角，就能改善流动情况，扩大稳定工作范围。对于无叶扩压器，改变进口面积常常通过安置扩压器环来实现，而且这种环常与进口导叶的调节装置联动[17]。

宝钢集团有限公司系统中的煤气压缩机是固定导叶，因此可以肯定宝钢集团有限公司的压缩机是采用变转速调节。

7.3.1.2 离心压缩机防喘控制方法

离心压缩机发生喘振的根本原因是，压缩机内气体实际的流量较低，气体发生了"旋转脱离"，使压缩机不能正常工作，解决喘振的根本方法，就是在适当的时间增加压缩机输入流量，可以采用回流的方法。同时也可以在压缩机出口设置单向阀防止压缩机出现倒流。防止和抑制喘振的发生归纳起来分为两种思路：

（1）改变管网特性曲线形状：针对压缩机运行条件，即从压缩机与管网联合运行上采取一定措施。一方面设法在管网流量减少过多时增加压缩机本身的流量，始终保持压缩机在大于喘振流量下运行；另一方面就是控制压缩机的进出口压力。

（2）改变压缩机特性曲线形状：在压缩机本体设计时采取措施，以扩大稳定工况范围为目的。一是在气动参数和结构参数的选择上，如采用后弯式叶轮、无叶扩压器、出口宽度变窄的无叶扩压器等。二是在设计时采用导叶可调机构。

具体的喘振控制技术分为防喘振被动控制技术和防喘振主动控制技术，这两种控制方式具体分析如下：

1）防喘振被动控制技术

被动控制的基本思想：使压缩机的工作点在喘振线的右侧，让压缩机的进口气体流量始终大于当前转速下的最小流量，从而防止喘振的发生。离心压缩机的特性曲线表明，压缩机稳定运行范围的最小流量极限是喘振线，因此，为使压缩机稳定运行，当管网流量减少到这个限定时就有可能发生喘振，因而喘振控制的目的就是避免压缩机出现喘振。在喘振极限线右侧，设定一条喘振控制线，其目的就是当压缩机入口流量小于喘振控制线流量时，还保持压缩机运行点始终在稳定区域内。当工作点在喘振控制线左侧时，采用放空或回流的方法，将多余的流量或放空或回流入压缩机入口，使压缩机仍能稳定运行。

一般情况下，输入流量减少是压缩机发生喘振的主要原因，因此，要确保压缩机不出现喘振，必须在任何转速下，通过压缩机的实际流量都不小于喘振流量，最基本的控制方法是最小流量限控制。依据这一思路，可采取如图 7.5 所示的排空法或循环流量法来实现。

根据不同的应用场合和对控制线的不同设定，被动控制技术方法又可分为两种：固定极限流量法和可变极限流量法。

（1）固定极限流量法

如图 7.6 所示，让压缩机通过的流量总是大于某一定值流量 Q。为了保证在各种转速下压缩机均不会发生喘振，选取最大转速下的喘振极限流量值为控制流

量 Q 值，这样在其他转速下都能有充裕的流量稳定工作。当不能满足工艺负荷需要时，采取部分回流，从而防止进入喘振区。

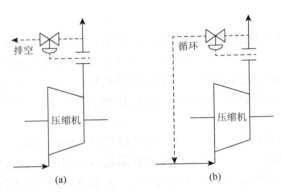

图 7.5　排空法（a）和循环流量法（b）

固定极限流量法防喘振控制具有实现简单、使用仪表少、可靠性高的优点。但当压缩机低速运行时，虽然压缩机并未进入喘振区，但吸气量也可能小于设置的固定极限，旁路阀打开，气体回流，造成能量的浪费。这种防喘振控制适用于固定转速的场合。

（2）可变极限流量法

固定极限流量法防喘控制，在压缩机低速运行时机组运行效率低，能量损失大。所以在机组变速运行时刻采用可变极限流量法。可变极限流量法是防喘振控制在整个压缩机负荷变化范围内，设置极限流量跟随转速而变的一种防喘振控制[18, 19]，如图 7.7 所示。在各个转速下，安全线和喘振线间的裕量基本相同，这样就不会造成机组低效运行。实现可变极限流量法防喘振，关键是如何确定压缩机的喘振极限方程。

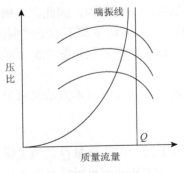

图 7.6　固定极限流量法

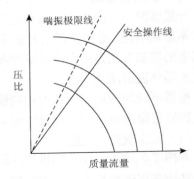

图 7.7　可变极限流量法

　　以上讨论的防喘振控制属于防喘振被动控制技术,其核心是通过防喘振控制,使压缩机运行在稳定的工作范围内,但是这样减小了压缩机的工作区域。同时,效率和稳定性却是一对矛盾,即当工作点靠近喘振线的时候压缩机将获得更高的效率,而当工作点远离喘振线的时候压缩机将更趋于稳定。然而为了确保系统的安全,被动控制必须使工作点和喘振线保持一定的距离,这样一来压缩机的效率将受到严重的影响,因此,压缩机就不能在性能最佳的工作点运行。防喘振被动控制牺牲了压缩机性能,减小了压缩机的工作范围,这就是被动控制的主要缺点。

　　2）防喘振主动控制技术

　　为了解决压缩机防喘被动控制技术存在的问题,可以通过引入扰动使压缩机的工作点在穿过喘振线的时候仍能稳定的工作,这种控制方式称为离心压缩机防喘振主动控制技术。防喘主动控制技术,主要在于它直接着眼于失稳现象本身,抑制诱发喘振的气流不稳定过程,如对流场反馈预扰动,改善压缩机系统的性能,阻止喘振的发生。防喘振主动控制技术实现后,运行点落在原喘振线左侧稳定运行,从而拓宽了稳定运行范围[20]。

　　图 7.8 是一压缩机系统,它包括离心压缩机、紧连控制阀、压缩机管道、气体容器和节流阀,其中紧连控制阀的配装紧接压缩机出口,一般认为它是最有前景的主动控制阀[21]。它的控制方式是当压缩机工作在稳定工作区的时候进行 PI 控制,而当压缩机工作在喘振区的时候利用紧连控制阀对压缩机实施主动控制。

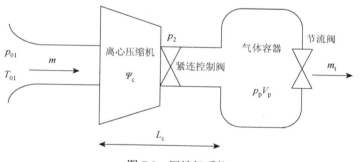

图 7.8　压缩机系统

　　因为压缩机的运行点是压缩机特性曲线与管网阻力特性线的交点,正常运行点在特性线的右支,其压缩机特性曲线斜率为负,而当运行点处于喘振线以左时,处于压缩机特性线左支,则特性线斜率为正,紧连控制阀的压降通过主动控制使压缩机包括阀在内的特性曲线斜率改变为负,从而使运行变得稳定。

7.3.2　压缩机防喘策略的研究

　　由宝钢集团有限公司 CCPP 煤气系统压缩机的结构可以知道,在实际生产中,采取的就是循环法防喘振被动控制技术，能合理利用资源，减少污染。由于防喘控制的要求，必须确保任何时候压缩机都有足够的流量流通，否则必须打开防喘阀以补充这个流量差。而这个流量差的回流也不应该是盲目的，应该通过这个回流保证压缩机工作在设定运行点上。为此，通常人为地在喘振线右侧设定一条控制线，这条控制线和各个转速下压缩机特性曲线的交点就是工作点。控制线与喘振线之间有一定的距离，该距离越小，发生流量减少时打开防喘阀的机会就越小，能量损失越少，但对控制系统、阀门的响应时间要求越高。该距离越大，打开阀的机会就越大，越能保证机组的安全，但能量损失越大。当这一距离一定时，防喘振控制系统通过两种方式控制回流阀：①当流量缓慢向喘振线偏移时，防喘控制系统提供连续的输出给回流阀，使压缩机工作在控制线上，即"闭环回路控制"；②当压缩机入口流量减少过快，上面所说的连续输出调节回流阀可能无法有效地预防喘振发生，此时必须触发一定阶跃输出，使防喘阀打开一个固定的开度，快速回流一部分流量，即"开环控制"。

　　下面针对宝钢集团有限公司罗泾钢厂备用电厂 CCPP 煤气系统压缩机实际运行状况和需要，制订以下防喘控制策略。

7.3.2.1　控制线的确定

　　喘振点大多发生在性能曲线最高点左侧的下降线上。不过常见的仍是以最高点为喘振点，这种简化偏差不大，而且对运行更安全些[22]。

　　如图 7.9 所示，确定以下控制策略线。

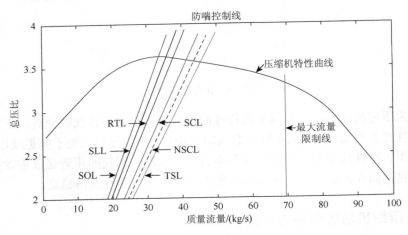

图 7.9　压缩机喘振控制线

（1）安全保险线（safety on line，SOL）：如果操作点超过这个极限，压缩机已发生了喘振，安全保险响应将增加喘振控制线的裕度，使喘振控制线右移，在一个喘振周期内制止喘振。

（2）喘振极限线（surge limit line，SLL）：工作在这条线上表明回流量不够，将发生喘振，当压缩机运行点位于 SLL 左侧，压缩机会发生喘振。压缩机在不同工况下有不同的特性曲线，每一条性能曲线都有一个喘振极限点，所有这些点的连线构成了喘振极限线。喘振点为压缩机特性曲线的切点。因此由压缩机特性曲线的计算公式可以确定喘振线，一般 SLL 在 SOL 右侧 0.5%处。

在实际生产过程中，压缩机工作状态稳定，转速恒定，此时工作点在唯一的压缩机特性曲线上移动，喘振线可以简化为原点和喘振点的连线。

（3）阀跳变线（recycle trip line，RTL）：工作点到达这个极限流流量时，为保证压缩机的安全运行，一般以快速重复的阶跃响应，迅速打开防喘控制阀一个设定的开度，回流足够的流量，避免因流量减小速度过快而发生喘振。循环阀跳变线一般位于 SOL 右侧 1%处。

（4）喘振控制线（surge control line，SCL）：控制线是根据生产中的实际需要人为设定的直线，如果工作点位于控制线左侧，防喘阀打开。控制线既要保证压缩机工作的安全性，又要保证压缩机的高效性。根据工作点与 SCL 之间的距离，用 PI 控制系统来控制喘振，一般设在 SOL 右侧 6%处。

（5）新防喘控制线（new surge control line，NSCL）：当压缩机发生一次防喘阀跳变后，即在 RTL 工作之后，为保证压缩机的安全运行，需增大安全运行区域。原来的控制线向右偏移 5%，建立新的控制线，其他曲线不变。

（6）紧密关闭线（tight shut-off line，TSL）：在喘振控制线右边有一条紧密关闭线，如果工作点在 TSL 的右侧，将关闭防喘控制阀。

7.3.2.2 防喘振 PI 控制

如图 7.10 所示，纵轴表示压缩机输出总压比，横轴表示压缩机入口质量流量。喘振控制线与压缩机机械特性曲线交点设定为 Mscl，它是压缩机稳定工作的最小流量；喘振控制线与压缩机机械特性曲线交点设定为 Mrtl；采用 PI 控制时调节到的稳定流量设为 Mpi，一般 Mpi＞Mscl。稳定工作条件下，实际流量 M0 大于设定流量 Mscl，此时防喘控制器关闭。当某种原因引起输入流量 Mx 缓慢减少，出现 Mrtl＜Mx＜Mscl 时，防喘阀开始工作，控制系统将打开 PI 控制器，根据 PI 运算结果调节防喘阀的开度，回流 $\Delta M =$ Mpi–Mx 的流量，使工作点回到设定流量 Mpi。当输入流量达到 Mtsl（即 TSL 线与压缩机特性曲线的交点）时，紧密控制系统工作，将防喘阀紧密关闭，然后压缩机稳定工作在 Mscl。

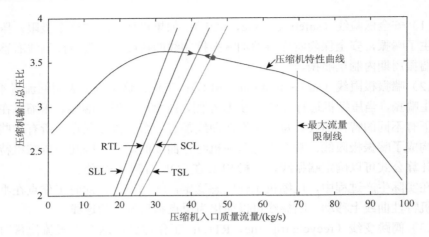

图 7.10　防喘振 PI 调节控制示意图

　　但是，由于压缩机系统固有的稳定性限制，当流量减小速度非常快的时候，比例积分控制器不能做出很快的响应，就不足以防止喘振，除非安全裕量非常大。这时需要快速调节方式。

7.3.2.3　阀跳变控制

　　当工作点缓慢向左偏离控制线，防喘振控制就会采取 PI 控制调节防喘阀开度保证流过压缩机的流量。但是，如果工作点快速减少，接近控制线，那么控制器就会采取快速的防喘措施来保护压缩机。这时可以在压缩机性能曲线上，喘振控制线和喘振极限线之间设定安全线，即循环阀跳变线，对应流量记为 Mrtl。

　　如图 7.11 所示，当压缩机入口流量 Mx 快速减少，出现 Mx＜Mrtl 时，PI 控制暂停工作，防喘阀直接跳变到一个相当大的开度，保证回流量充足。阀跳变作用后，以新控制线与特性曲线的交点作为新的控制工作点，此时对应的控制线流量为 Mnscl。当回流一部分流量后，PI 控制继续参与防喘控制调节，将入口流量调节至 Mnscl，并在稳定的情况下启动 TSL，将防喘阀紧密关闭。这种保护措施被称为"阀跳变控制"。阀跳变过程中防喘阀的调节特性如图 7.12 所示。

7.3.3　基于离心压缩机系统模型的防喘控制策略仿真研究

　　根据本书前几章建立的压缩机模型得到的压缩机特性曲线，结合 Simulink 仿真软件[23]可进行防喘策略仿真验证。设定喘振控制线质量流量 Mscl=40kg/s，循环阀跳变线质量流量 Mrtl = 35kg/s。设定控制线和各个转速下压缩机特性曲线的交

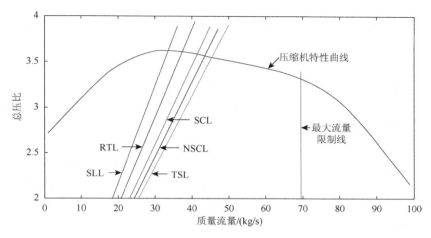

图 7.11 阀跳变调节示意图

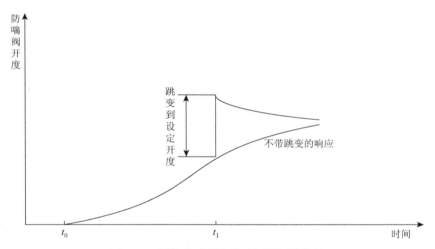

图 7.12 阀跳变过程中防喘阀的调节特性

点为工作点,这样压缩机工作时能具有最大的效率,可以根据输入流量 m 的大小选择调节方式,即

(1)当 $m \geqslant 40\text{kg/s}$ 时,压缩机稳定工作,防喘阀不工作;

(2)当 $35\text{kg/s} < m < 40\text{kg/s}$ 时,防喘阀进行 PI 连续调节;

(3)当 $m \leqslant 35\text{kg/s}$ 时,先进行阀跳变调节后,PI 连续调节。

用 Simulink 仿真模块结构,设定连续变化的流量输入,防喘阀相当于前馈控制器,根据输入的流量,从压缩机出口回流一定的流量,保证压缩机不出现喘振现象。同时用模块按照以上所说的防喘控制策略,搭建好 Simulink 仿真模块,进行仿真。

首先，压缩机在工况条件 $T_0 = 293K$（20℃），压缩机转速 $n = 5302r/min$，气体初始压力 $P_0 = 108.555kPa$ 下进行仿真。而且可知此条件下，压缩机喘振点质量流量 $m = 33kg/s$，且 $m = 29.5kg/s$ 时，压缩机取得最大效率。压缩机工作点定为喘振控制线对应的流量 $m = 40kg/s$，这样可以在稳定工作范围内获得最大效率。压缩机工作点定为喘振控制线对应的流量 $m = 40kg/s$，这样可以在稳定工作范围内获得最大效率，且查资料可得到，阀跳变控制点距离喘振线右侧 1%左右。阀跳变调节从关闭到到全开位置在 1～2s 内完成。

1）初始输入按照 $m = 40kg/s$，$m = 38kg/s$，$m = 40kg/s$，$m = 34kg/s$，$m = 40.5kg/s$ 变化，按照设定的控制流量线 Mscl 和 Mrtl，压缩机将经历稳定工作，防喘阀 PI 连续调节，稳定工作，防喘阀跳变和 PI 调节，然后稳定工作，共五个过程，整个系统初始输入流量曲线如图 7.13 所示。

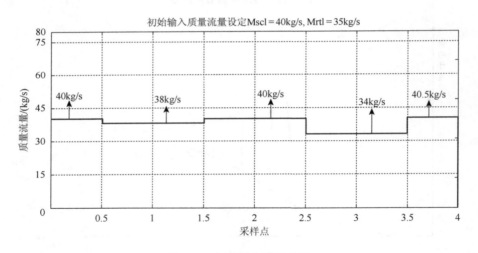

图 7.13　初始输入流量曲线

2）经防喘阀调节后压缩机入口流量的结果如图 7.14 所示。

以上调节过程和理论分析相一致。在 0～0.5 采样点时，防喘阀不工作，压缩机稳定输出；在采样点 0.5 处输入变为 $m = 38kg/s$，需要进行 PI 连续调节，防喘阀回流量 $\Delta m = 2.5kg/s$，输入稳定在 $m = 40.5kg/s$，压缩机稳定工作到 1.5 处；在采样点 1.5 处输入变为 $m = 40kg/s$，这时防喘阀 PI 调节关闭，但是在关闭时回流量不能立即减小，压缩机输入会有一个上升，尖峰最高点为 $m = 42.5kg/s$，即输入和 PI 调节回流量之和，然后逐渐稳定在 $m = 40kg/s$，持续到 2.5；在采样点 2.5 处输入变为 $m = 34kg/s$，此时防喘阀打开一个固定开度设定的开度，为输入的 1.206 倍，快速回流足够的流量，当流量增加到一定程度还会进行 PI 调节，调节总的回

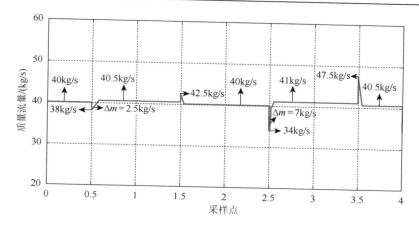

图 7.14　防喘阀调节后压缩机入口流量曲线

流量为 $\Delta m = 7\text{kg/s}$，调节输入到 $m = 41\text{kg/s}$，然后压缩机稳定工作到 3.5 处；在采样点 3.5 处，输入变为 40.5kg/s，由于这时发生了一次阀跳变控制，需设定新的防喘振控制线，即将原有的控制线向右移动 0.5kg/s，即为 40.5kg/s，防喘阀又要关闭，这时压缩机仍然要有一个因回流量不能立即减小到零而出现的尖峰，最高点为 47.5kg/s，然后流量逐渐稳定到新工作点 40.5kg/s。

3）将防喘阀调节后所得到的输入流量代入所建立的压缩机模型中，可以得到输出总压比，结果如图 7.15 所示。

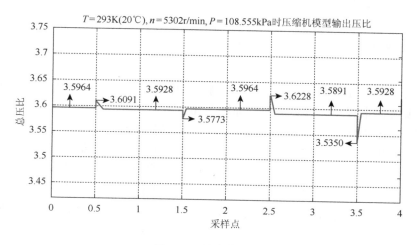

图 7.15　输出总压比

由以上的仿真结果可以看出，所建立的防喘控制策略能根据不同输入有效地选择不同的调节方式，及时调节回流量，使压缩机稳定工作，防止喘振现象的发生。而且在阀跳变调节发生后，及时设定新控制线，使压缩机获得更稳定的流量控制线，有效地防止喘振发生。

7.4　离心压缩机防喘模型在工业中的应用案例

将联合循环发电与炼钢/铁工艺相结合，燃用炼钢/铁过程的副产煤气进行发电，能起到能源高效循环再利用和减少环境污染物排放的目的，是钢铁工业清洁生产和未来可持续发展的一条可行道路。然而受前段炼钢/铁工艺的影响，CCPP 煤气系统的流量和压力往往波动较大，容易导致煤气压缩机频繁发生喘振。喘振不仅危及设备安全，增加环境污染物的排放，还会给操作人员带来安全隐患。近年来随着人们环保意识的增强，人们对煤气系统的控制和安全运行提出了越来越高的要求。通过建立煤气系统的模型并进行防喘振控制策略的研究，是保证煤气系统安全运行的重要途径。本书前几章阐述了离心压缩机的多种建模方法。本章将在前几章理论研究的基础上，介绍离心压缩机防喘模型在工业中的应用，即上海某钢厂 1#CCPP 煤气系统防喘振控制模型系统的设计与实现过程。

本章内容首先介绍 1#CCPP 煤气系统防喘振控制模型系统的硬件结构及其主要功能；然后描述系统的数据交换；接下来就系统的主要功能模块进行阐述；最后对本章进行总结。

7.4.1　系统硬件结构及主要功能

上海某钢厂 1#CCPP 煤气系统防喘振控制模型系统的硬件主要包括数据服务器和防喘振控制模型系统计算机，如图 7.16 所示。

图中 SIS 系统是电厂的安全仪表系统。数据服务器一方面通过 SIS 系统与联合循环机组的 DCS 系统进行通信，负责现场数据的采集和存储，为模型计算提供数据来源；另一方面可以在模型离线验证防喘振控制算法时，模拟现场过程数据的采集和发送等，保证整个系统数据交换的正常进行。

防喘振控制模型系统计算机根据数据服务器采集和存储的数据，负责模型的调用和计算，并将计算结果输出显示；以屏幕窗口或文件表格的形式提供人机界面，负责煤气系统主要画面显示、工况显示、各种参数调节、各种曲线显示、监控报警、打印报表及各种管理功能等。

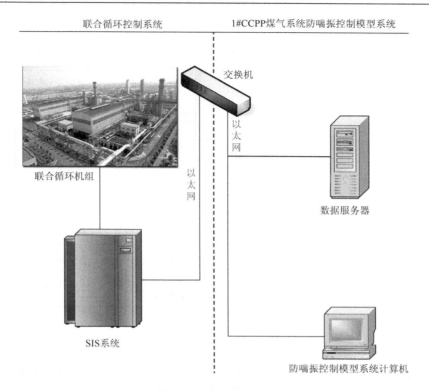

图 7.16 1#CCPP 煤气系统防喘振控制模型系统硬件结构

7.4.2 系统数据交换

1#CCPP 煤气系统防喘振控制模型系统与 CCPP SIS 系统之间的数据交换主要通过数据服务器来实现，即来自 CCPP SIS 系统的数据，通过工业以太网传输到数据服务器，数据服务器将有价值的正常生产过程数据存储到数据库中。防喘振控制模型系统计算机再通过以太网从数据库中读取过程数据用于显示、建模和防喘控制策略研究，计算结果存放于数据库中供系统调用。

1#CCPP 煤气系统防喘振控制模型系统内部的数据流如图 7.17 所示，数据服务器中包含实时数据库、历史数据库、模型配置数据库以及计算结果数据库；防喘振控制模型系统计算机包括数据预处理模块、工艺变量显示模块和模型模块等 6 个功能模块。数据预处理模块根据机组的运行状态对过程数据进行不同的处理，将稳定运行的数据存储于历史数据库中供模型模块离线建模时调用；模型模块分别根据历史数据库和实时数据库中的过程数据进行过程建模和模型矫正，并将模型相关参数保存到模型配置数据库中；工艺变量显示模块和 3C 防喘控制器模块

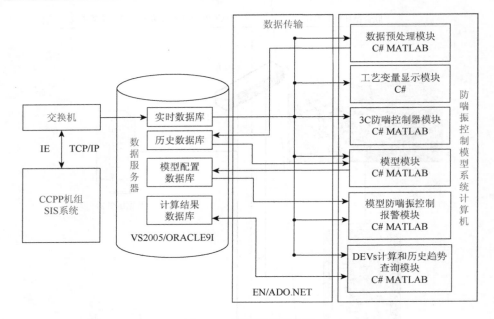

图 7.17　系统数据交换图

根据实时数据库送来的过程数据将与煤气压缩机运行相关的主要工艺变量和防喘振控制器的防喘曲线集中显示；模型防喘振控制报警模块根据实时数据库送来的过程数据、模型模块的输出和人机接口给入的操作指令，进行防喘振控制策略的研究并对煤气压缩机的运行状态进行判断和报警提示；DEVs（DEVs 是 3C 防喘振控制器模块中描述压缩机运行点与喘振线"距离"的指标）计算和历史趋势查询模块根据实时过程数据计算防喘振控制器的 DEVs 和模型预测的 DEVs，并连同防喘阀的开度一同存入计算结果数据库中，并从计算结果数据库中读取历史结果分别以数值和变化曲线的形式反映在计算机画面上。

7.4.3　防喘振控制模型系统

本节把 C#在图形化界面设计方面的优势、Oracle 数据库的数据存取能力和 MATLAB 强大的数学计算功能结合起来开发 1#CCPP 煤气系统防喘振控制模型系统。应用 C#开发系统的人机交互界面，通过调用数据库中的相应数据，利用 MATLAB 编写的内核功能模块，对 CCPP 煤气系统进行建模和防喘振控制策略的研究。本系统由三部分组成：人机界面——利用 C#实现；数据存取——利用 Oracle 实现；核心模块——利用 MATLAB 实现。

7.4.3.1 防喘振控制模型系统界面设计

C#由 C 和 C++ 发展而来，是一种简单、灵活而功能强大的高级编程语言。防喘振控制模型系统界面是基于 C#开发的界面平台，其结构如图 7.18 所示。

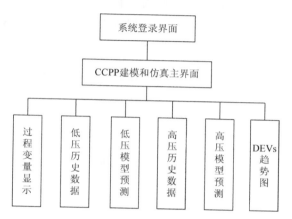

图 7.18 防喘振控制模型系统界面结构图

从系统登录界面（图 7.19）可登录进入主界面，主界面主要包括：

（1）过程变量显示界面：实时采集 CCPP 煤气系统的现场数据存放于实时数据库中，并将实时数据库中的数据显示在界面上；

（2）低压历史数据界面：根据历史数据绘制低压压缩机的 SCL、RTL 和 SLL，并实时显示低压压缩机的运行点、DEVs 值和防喘阀开度；

图 7.19 防喘振控制模型系统登录界面

（3）低压模型预测界面：实时显示低压压缩机的入口参数，并根据此时的入口参数调用低压压缩机的模型和防喘振控制策略预测，并绘制低压压缩机的性能曲线、SLL、SCL、RTL 和运行点；

（4）高压历史数据界面：根据历史数据绘制高压压缩机的 SCL、RTL 和 SLL，并实时显示高压压缩机的运行点、DEVs 值和防喘阀开度；

（5）高压模型预测界面：实时显示高压压缩机的入口参数，并根据此时的入口参数调用高压压缩机的模型和防喘振控制策略预测，并绘制高压压缩机的性能曲线、SLL、SCL、RTL 和运行点；

（6）DEVs 趋势图界面：通过选择和调用可以查看高/低压压缩机 DEVs 值和防喘阀开度的趋势，并分别以数值和变化曲线的形式反映在计算机画面上。

下面以低压模型预测界面为例，介绍单个功能界面的具体设计。

将鼠标指针放在界面左边的"低压模型预测"按钮上，点击"低压模型预测"按钮，就可以看到低压模型预测界面。通过调用低压压缩机的模型，低压模型预测界面可以根据当前的煤气入口条件预测压缩机的防喘曲线，并且能实时显示低压压缩机的入口质量流量、入口温度、入口压力、出口压力、A1 阀开度反馈、DEVs 值和入口体积流量，如图 7.20 所示。

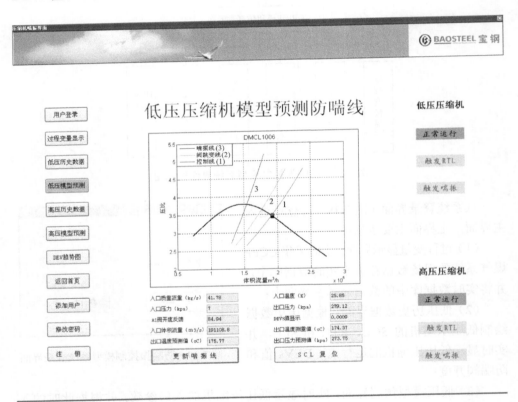

图 7.20　低压模型预测界面

图 7.20 中黑粗线为根据低压压缩机模型预测的特性曲线，1、2、3 三条曲线分别表示根据模型预测的低压压缩机的 SCL、RTL 和 SLL，灰点表示实时运行点，黑点表示模型预测的运行点。点击界面下方的"更新喘振线"按钮，可以得到低压压缩机模型实时预测的防喘线。点击界面下方的"SCL 复位"按钮，可以使防喘振控制算法中控制线的安全裕量归零。当运行点工作于稳定区域时，低压压缩

机显示"正常运行";当运行点位于阀跳变曲线左侧时,低压压缩机显示"触发RTL";当运行点位于喘振线左侧时,低压压缩机显示"触发喘振"。

7.4.3.2 防喘振控制模型系统数据管理

数据库技术是计算机信息系统和应用系统的基础和核心,而 Oracle 是面向网格计算的、支持对象关系模型的分布式数据库产品,并且将 OEM 完全集成到了 web 页面中,是目前世界上使用最广泛的数据库,可以运行在各种计算机的硬件平台和各种操作系统平台上[24]。因此,本系统选用 Oracle 数据库进行数据管理。

表空间(table space)是 Oracle 数据库中最大的逻辑结构。Oracle 数据库是由一个或多个表空间组成的。表空间与数据库的物理结构有十分密切的关系,它在物理上与磁盘上的数据文件相对应(一个表空间由一个或多个数据文件组成,但一个数据文件只能属于一个表空间),从物理上说,数据库的数据被存放在数据文件中,而从逻辑上说,数据被存放在表空间中。

本系统共用到 6 种表空间:实时数据表、历史数据表、模型配置数据表、模型辨识数据表、计算结果数据表和用户信息数据表。以其中几个表空间为例介绍表空间的具体设计。

(1)用户信息数据表。该表用来存放软件系统的用户信息,即用户名、密码、实际姓名、用户类型,如图 7.21 所示。

Column Name	Data Type	Length	llow Null
▶ UserName	char	10	✓
EmpName	char	10	✓
UserPwd	char	10	✓
UserType	char	10	✓

图 7.21　用户信息数据表

(2)模型辨识数据表。利用数据预处理模块挑选出用来辨识模型参数所需的历史数据,如图 7.22 所示。

Column Name	Data Type	Length	llow Null
▶🔑 num	int	4	
CO	float	8	✓
CO2	float	8	✓
H2	float	8	✓
CH4	float	8	✓
MQ_L_In	float	8	✓

图 7.22　模型辨识数据表

（3）计算结果数据表。该表用来存放模型。在线处理数据后，会产生许多分析结果，例如，软件系统运算所得的 DEVs 历史值等，如图 7.23 所示。

Column Name	Data Type	Length	llow Null
F1	float	8	✓
F2	float	8	✓
F3	float	8	✓
F4	float	8	✓
F5	float	8	✓
F6	float	8	✓

图 7.23　计算结果数据表

7.4.3.3　防喘振控制模型系统主要模块

1）数据预处理模块

在复杂工业过程的建模过程中，过程实时数据的采集与处理是十分重要的基础性工作。如何有效地从实际生产过程采集数据，确保过程数据具有代表性、均匀性、精简性的特点[25-28]，并对所采集的数据进行适当的预处理以便于后续工作的进行，将直接影响模型的性能。

数据预处理主要包括对样本数据进行异常数据的检测、剔除和对过程变量数据进行平滑滤波处理、归一化处理。为抑制噪声干扰，DCS 系统对过程变量进行采样时，已对原始数据进行了去极值平均滤波处理。对于 CCPP 煤气系统，机组的运行状态包括启动、停机、稳定运行、非稳定运行以及喘振。在线对数据进行处理和存储前，需要先判断机组处于哪一个运行状态，然后再对实时数据做相应的处理。机组的运行状态可以通过主要的工艺变量进行判断，例如，可以通过压缩机主轴转速判断机组是启动、停机还是运行状态，如果转速为零可以判断为停机状态，如果转速在 0～5302r/min 或大于 5302r/min 可以判断为启动状态，如果转速为 5302r/min 可以判断机组处于运行状态；机组是否稳定运行可以通过燃气轮机的输出功率（燃机负荷）判断，如果输出功率稳定，可判断机组处于稳定运行状态，如果输出功率变化，可判断机组处于过渡状态或者说非稳定运行状态；机组是否有发生喘振的危险可以通过煤气压缩机的实际运行点与防喘曲线的比较来判断。下面介绍的 3C 防喘控制器模块可以根据煤气压缩机防喘振控制器中的参数设置绘制出煤气压缩机的 SLL、SCL 和 RTL，当实际运行点位于喘振线上侧或左侧时，可以判断煤气压缩机发生喘振。煤气系统运行状态的判断流程如图 7.24 所示。

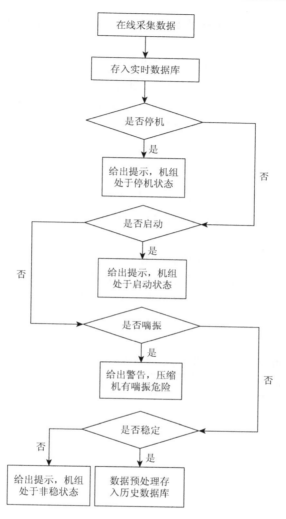

图 7.24　煤气系统运行状态的判断流程

　　在煤气系统判断为稳定运行状态后，对数据的预处理主要包括异常数据的检测和剔除以及过程变量数据的归一化和标准化处理。

　　（1）异常数据的检测和剔除

　　在对过程数据进行处理时，首先要剔除其中的异常数据。为此，需要根据工艺要求和实际运行的具体情况，确定需采集的各个过程变量的取值范围，然后采用最大最小值限幅的方法剔除不在此范围内的数据。

　　由于煤气系统的过程变量值是从 PLC 中取得的，因此由人为原因造成数据异常的可能性较小，产生的异常数据通常是由于过程有较大的干扰或测量仪表失灵等情况引发的，这样的数据误差一般较大，通过限幅的方法基本可以剔除。

（2）过程变量数据的归一化和标准化处理

数据建模时，对于不同的过程变量，由于量纲不同，其数值范围可能会出现很大差异。为消除量纲之间差异所导致的"大数吃小数"现象，需进行归一化处理。本书采用式（7.11）所示的数据标准化处理方法。

$$\bar{x}_i^j = \frac{x_i^j - \bar{x}_j}{\sigma_j} \tag{7.11}$$

式中，$\bar{x}_j$ 和 σ_j 分别为过程变量的平均值和标准差；x_i^j 和 $\bar{x}_i^j$ 分别为原始数据和标准化之后的数据；i 为采样点的个数；j 为变量的维数。

2）工艺变量显示模块

1#CCPP 煤气系统防喘振控制模型系统工艺变量显示模块将煤气压缩机及煤气系统中与煤气压缩机运行有关的主要过程变量集中显示于同一画面，可供操作人员及时了解煤气压缩机及整个煤气系统的实时运行状态。显示的工艺变量见表 7.6。

表 7.6　1#CCPP 煤气系统防喘振控制模型系统工艺变量显示模块显示的工艺变量

序号	煤气系统主要工艺变量及单位
1	CO 含量/%
2	CO_2 含量/%
3	H_2 含量/%
4	CH_4 含量/%
5	低压质量流量/(kg/s)
6	低压入口压力/kPa
7	低压入口温度/℃
8	低压出口压力/kPa
9	低压出口温度/℃
10	高压质量流量/(kg/s)
11	高压入口压力/kPa
12	低压入口温度/℃
13	燃机负荷/MW
14	A1 阀门开度反馈/%
15	冷却器入口温度/℃
16	冷却器入口流量/(m³/h)
17	冷却器出口温度/℃

序号	煤气系统主要工艺变量及单位
18	三级压缩机入口压力/MPa
19	高压出口压力/MPa
20	高压出口温度/℃
21	燃气轮机主轴转速/(r/min)
22	A2 阀门开度反馈/%

3）3C 防喘控制器模块

上海某钢厂 1#CCPP 煤气系统采用回流阀回流的方式进行防喘，并利用 3 系列增强型防喘控制器进行煤气压缩机的防喘控制[29, 30]。3 系列增强型防喘控制器使用一个多变量函数来计算喘振的接近值，这是一个不随条件而变化的函数，该函数导出的控制变量用 S_s 表示，它基本上是从压缩机性能曲线起点到工作点的标称斜率。

当压缩机运行在它的喘振极限时，S_s 是 "1"。如果 S_s 超过了这个值，压缩机会喘振。这样，S_s 为 1 的所有点汇集成 SLL。因为初始化计算可以简化（如设转速为常量），控制器提供各种各样的控制功能（如方式），每一种功能都需要特定驶入信号的组合。

在用于控制和显示时，S_s 通过增加一个可变的安全裕量来转换成一个偏差变量，标记为 DEVs。当工作点与喘振线间的距离等于所需的安全带时，偏差 DEVs 为零。负偏差意味着循环流量需要增加，正偏差意味着循环流量需要减少（如果不为零）。这样所有偏差为零的点汇集成 SCL。

3 系列增强型防喘振控制器通过选择一种适合应用的函数计算出压缩机运行点与喘振点间的距离。根据喘振发生的特点，将闭环 PI 控制和各种开环控制相结合，实现防喘振控制。3 系列增强型防喘振控制器中设有极限控制、解耦控制和各种后备功能，提高了系统的稳定性。但是 CCPP 的 DCS 系统无法与 3 系列增强型防喘控制器进行通信，控制器计算的 DEVs 值无法显示到控制室供操作人员查看，而且控制器只有数值读数。1#CCPP 煤气系统防喘振控制模型系统的 3C 防喘控制器模块主要用于根据控制器内的设定参数，绘制高/低压煤气压缩机的 SLL、SCL 和 RTL，并显示到系统的历史数据界面，绘制出高/低压煤气压缩机的实时运行点，与 SLL、SCL 和 RTL 进行比较，为现场操作人员判断压缩机的运行状态提供依据。

4）模型模块

模型是煤气系统模拟和防喘振控制策略研究的基础。在本书第 3 章建立的煤气压缩机、冷却器、分离器以及煤气系统的机理模型，再结合非线性鲁棒建模技术建立了多级离心压缩机的混合模型，大大提高了模型的性能。在 CCPP 煤气系统防喘振控制模型系统中调用不同的模型，可以进行不同用途的运算，例如，调用高/低压煤气压缩机模型在当前入口煤气参数下实时预测高/低压煤气压缩机的SLL、SCL 和 RTL；实时预测高/低压煤气压缩机的性能曲线和实时运行点等；当机组处于停机状态或系统处于离线状态时，还可以调用高/低压煤气压缩机模型进行煤气系统生产运行模拟，其中煤气压缩机模型采用混合模型。

　　模型校正是保证离线建立的过程模型能够用于实际过程模拟和控制算法研究的重要手段。由理论推导简化而建立起的过程模型以及模型中的参数都存在着不确定性，而且在运行中不可避免地会受到各种干扰的影响，这些干扰和不确定性将导致离线建立的过程模型与实际过程之间存在偏差。同时，随着时间的推移，过程的慢时变性、建模数据的不完备性和过程运行条件的改变也会造成模型偏差的增大。因此，需要利用实际过程的最新状态信息对模型进行校正，以保证模型能够正确跟踪实际过程。目前对于过程模型的校正问题还没有形成一个完整的理论体系，有待于进一步研究，本书只是根据实际应用的需要进行了简单的模型校正。

　　以煤气压缩机模型为例介绍模型矫正的方法和过程。煤气压缩机模型包括机理模型和数据模型两部分，模型矫正的策略相应的也就有两种：实时矫正和长期矫正。实时矫正只矫正数据模型部分。当 1#CCPP 煤气系统防喘振控制模型系统在线运行时，实时监测高/低压煤气压缩机出口参数的模型预测值 $\hat{y}_i$ 与 DCS 系统实测值 y_i 之间的偏差 $e = (|y_i - \hat{y}_i|/y_i) \times 100\%$，当偏差 e 以较大概率 P 大于某个偏差上限 e^* 时，认为模型的精度过低无法满足过程应用的需要，需要对数据模型进行矫正。矫正方法是利用历史数据库中从当前时刻起到过去 k 个历史时刻的历史数据，按训练方法重新训练数据模型。概率 P 的计算方法如下：

$$P = \frac{n_t}{N_t} \qquad (7.12)$$

式中，N_t 为一段时间 t 内采样点的总数；n_t 为其中偏差 e 大于偏差上限 e^* 的采样点个数。

　　可以设置一个时间段 L，当系统连续在线运行一段时间 L 后，会有大量历史数据存入数据库，可以利用这些数据对煤气压缩机模型进行长期校正以克服系统的慢时变性以及煤气成分等变化对模型精度的影响。首先利用模型辨识数据库中从当前时刻起到过去 k 个历史数据对机理模型的关键参数重新进行辨识，然后利用机理模型与历史数据之间的偏差重新训练数据模型。

　　模型校正工作除了能够自动启动外，还在应用系统操作画面中设计了模型实时矫正和长期校正的人工启动按钮，能够在人机交互的环境中进行，使其更具灵活性。模型校正利用了最新的过程运行信息来调整模型参数以更好地适应最新的过程变化。通过对过程模型实施校正，使模型输出的精度和预测趋势能得到有效地改善，从而能够为防喘振控制策略的研究提供更高性能的模型。

5）模型防喘振控制报警模块

模型防喘振控制报警模块是 1#CCPP 煤气系统防喘振控制模型系统的核心部分，可以在线或离线进行防喘振控制策略的研究。通过系统测试，可以检验控制策略的可行性，是控制策略应用到实际煤气系统前的重要实验工具。

离心压缩机发生喘振的根本原因是气体的实际流量较低，气体发生了严重的"旋转脱离"现象[31, 32]，那么防喘的基本方法就是在适当的时候增加压缩机的入口流量。具体的防喘策略可以分为主动防喘控制策略和被动防喘控制策略[31]。其中，主动防喘控制策略直接着眼于失稳现象本身，通过流场反馈预扰动等手段来抑制喘振的发生，起到了改善压缩机性能的效果，但是目前主动防喘控制策略仍处在理论研究阶段，实际应用中多采用被动防喘控制策略[33]。

被动防喘控制策略是在压缩机运行的最小流量与喘振流量之间留有足够大的稳定区域，阻止运行点到达喘振区域。根据具体应用的不同，又可以分为固定极限流量控制和可变极限流量控制两种[30]。固定极限流量控制即让压缩机的入口流量始终保持大于最高转速的最小流量，实施简单，投资少，但在低转速或压缩机负荷经常变动时能耗较大。为了提高离心压缩机的运行效率和工作范围，学者提出了可变极限流量控制，即根据离心压缩机的性能曲线，在每一转速下分别设定不同的极限流量，从而提高了压缩机的运行效率和工作范围。1#CCPP 煤气系统的负荷经常变动，为了减少压缩机的能量消耗和污染物的排放，煤气压缩机采用可变极限流量控制，并采取回流阀回流的方式进行防喘，即当煤气压缩机入口流量较低时，将出口的一部分煤气经冷却器冷却后送回煤气压缩机的入口，保证压缩机的入口流量始终大于最小流量。

1#CCPP 煤气系统的煤气压缩机的防喘振控制策略共用到三条防喘曲线，分别是 SLL、SCL 和 RTL，如图 7.25 和图 7.26 所示。当煤气压缩机运行在 SCL 右侧时，防喘阀不动作；当煤气压缩机运行点越过 SCL，并缓慢向 SLL 偏移时，防喘控制器提供连续的输出给回流阀，使煤气压缩机运行点回到 SCL 上，即"闭环回路控制"；当煤气压缩机的运行点越过 RTL 或迅速向 SLL 偏移时，连续输出调节回流阀可能无法及时有效地预防喘振发生，此时防喘控制器提供一定阶跃输出，使防喘阀打开一个固定的开度快速回流一部分煤气，使煤气压缩机的运行点回到安全区域，即"开环控制"。无论是开环控制还是闭环回路控制，三条防喘曲线的设定是关键。模型防喘振控制报警模块利用模型模块建立高/低压煤气压缩机模型预测并设定高/低压煤气压缩机的三条防喘曲线，具体做法是：以模型预测的性能曲线的最高点作为参考确定煤气压缩机各转速下的喘振点，不同转速下，将各性能曲线的喘振点相连即为煤气压缩机的喘振线。在喘振线的基础上选取合适的安全裕量确定高/低压煤气压缩机的 SCL 和 RTL。SCL 既要保证压缩机工作的安全性，又要保证压缩机的高效性，一般设定在喘振线右侧6%处，RTL 设定在喘振线右侧 1%处[30, 34, 35]。安全裕量可以根据实际运行情况进行调整，如果压缩机发生了喘振则需要适当增大安全裕量，使喘振控制线右移，一方面制止喘振现象，一方面使得压缩机运行在更安全的区域。

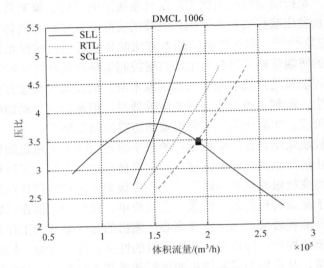

图 7.25　低压压缩机防喘曲线

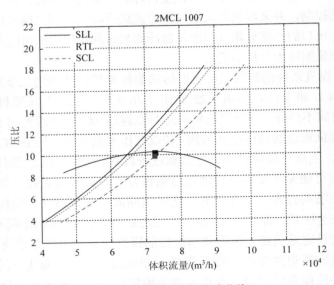

图 7.26　高压压缩机防喘曲线

　　获得高/低压煤气压缩机的三条防喘曲线以后可以通过比较高/低压煤气压缩机的运行点与 SLL、SCL 和 RTL 之间的位置关系来判断高/低压煤气压缩机的运行状态，如图 7.27 所示。1#CCPP 煤气系统防喘振控制模型系统的高/低压模型预测画面主要用于绘制并显示高/低压煤气压缩机模型预测的 SLL、SCL 和 RTL，并通过比较高/低压煤气压缩机的运行点与 SLL、SCL、RTL 的位置关系，判断高/低压煤气压缩机的运行状态，进行报警提示。图 7.27 所示的界面右侧一列显示煤气压缩机的工作状态和"煤气成分异常"的报警。

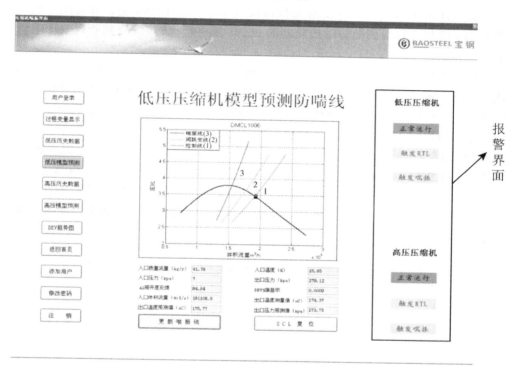

图 7.27　高/低压煤气压缩机报警画面

　　（1）煤气压缩机包括 3 个工作状态：正常运行、触发 RTL 和触发喘振。当煤气压缩机处于某种工作状态的时候，对应的状态指示颜色变亮，否则为灰色。
　　（2）当煤气压缩机运行点处于 RTL 右侧时，正常运行状态指示颜色变亮，触发 RTL 和触发喘振为灰色。
　　（3）当煤气压缩机运行点越过 RTL 接近 SCL 时，触发 RTL 指示颜色变亮，正常运行和触发喘振为灰色。
　　（4）当煤气压缩机运行点越过 SLL 而发生喘振时，触发喘振指示颜色变亮，正常运行和触发 RTL 为灰色。

（5）当煤气成分出现异常时，"煤气成分异常"状态指示会显示于界面上，否则不显示。

6）DEVs计算和历史趋势查询模块

1#CCPP 煤气系统防喘振控制模型系统能够实时计算高/低压煤气压缩机防喘控制器DEVs值和煤气压缩机模型预测DEVs值，并存放到计算结果数据库中。由于现场的防喘控制器 DEVs 值只能在仪表上读出，所以这里将防喘控制器DEVs 值计算出来，并显示在控制室的画面上，供操作人员参考。同时，根据高/低压煤气压缩机的模型实时预测高/低压煤气压缩机的 DEVs 值，并将模型预测的 DEVs 值与计算得到的防喘控制器的 DEVs 值进行比较，综合判断煤气压缩机的运行状态。

1#CCPP 煤气系统防喘振控制模型系统将高/低压煤气压缩机防喘控制器DEVs 值和模型预测 DEVs 值以及防喘阀的开度存放在历史数据库中，并能够在DEVs 趋势图界面显示高/低压煤气压缩机 DEVs 值及防喘阀开度的趋势曲线图。通过选择可以将单条或多条趋势曲线显示在 DEVs 趋势画面上，可供操作人员了解高/低压煤气压缩机的历史运行情况。同时，从 DEVs 趋势图界面可以看到高/低压煤气压缩机当前运行的 DEVs 值，并将模型预测 DEVs 值与防喘控制器 DEVs值进行比较，实现了对防喘振控制策略的验证，并且可以从 DEVs 趋势图界面很方便地看到防喘阀开度的变化趋势，了解防喘振控制策略的实施效果，如图 7.28所示。

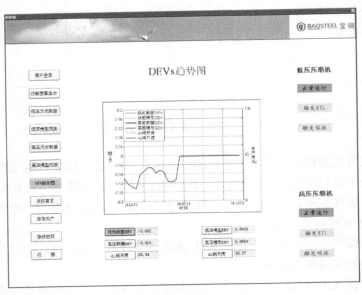

图 7.28　DEVs 趋势图界面

参 考 文 献

[1]   江哲生. 中国洁净煤发电技术的展望[J]. 洁净煤燃烧与发电技术, 1996, 4: 1-8.

[2]   清华大学热能工程系动力机械与工程研究所, 深圳南山热电股份有限公司. 燃气轮机与燃气-蒸汽联合循环装置[M]. 北京: 中国电力出版社, 2007.

[3]   王平子. 联合循环发电技术概述[J]. 东方电气评论, 2001, 20 (4): 8-23.

[4]   杨顺虎. 燃气-蒸汽联合循环发电设备及运行[M]. 北京: 中国电力出版社, 2005.

[5]   焦树建. 探讨 21 世纪上半叶我国燃气轮机发展的途径[J]. 燃气轮机技术, 2001, 14 (1): 10-13+42.

[6]   吴胜法, 陈银芬. 提高 109FA 燃气-蒸汽联合循环热态启动速度的探讨[J]. 浙江电力, 2007, 26 (2): 18-20.

[7]   俞立凡, 李彩玲, 彭竹君. 9F 单轴燃机作为电网黑启动电源点的探讨[J]. 浙江电力, 2006, (6): 427-429+446.

[8]   焦树建. 燃气-蒸汽联合循环[M]. 北京: 机械工业出版社, 2004.

[9]   褚菲, 王福利, 顾大为, 等. 基于 KPLS 的燃气-蒸汽联合循环变工况建模研究[J]. 现代电力, 2010, 27 (6): 41-45.

[10] Chu F, Wang J, Lu N, et al. Prediction of CCPP output based on improved fuzzy analytical hierarchy process[C]// 29th Chinese Control and Decision Conference. 2017: 3636-3641.

[11] 褚菲, 王福利, 王小刚. CCPP 湿煤气热力学性质分析和简捷计算方法[J]. 东北大学学报 (自然科学版), 2012 (6): 4-7.

[12] Chu F, Ma X, Wang F, et al. Simple calculation method for the thermodynamic properties of byproduct coal-gas fired by CCGT—A case study[C]//Control and Decision Conference. IEEE, 2015: 4216-4220.

[13] 刘晖, 肖红. 关于湿压缩空气热力学性质计算的讨论[J]. 压缩机技术, 2002, 3 (6): 11-13.

[14] 苏长荪. 高等工程热力学[M]. 北京: 高等教育出版社, 1987.

[15] 张世铮. 燃气热力学性质的数学公式表示法[J]. 工程热物理学报, 1980, 2 (1): 9-16.

[16] Chappell M S, Cochshutt E P. Gas turbine cycle calculations: Thermodynamic data tables for air and combustion products for three systems of units[R]. Ottawa: NRC, 1974.

[17] Davis M W, Obrien W F.A stage-by-stage post-stall compression system modeling technique[J]. New York: AIAA, 1987: 87-184.

[18] 翁维勤, 孙洪程. 过程控制系统及工程[M]. 北京: 化学工业出版社, 2002.

[19] Epstein A H, Williams J E F, Greitzer E M. Active suppression of aerodynamic instabilities in turbo machines[J]. Propulsion, 1989, 5 (2): 204-211.

[20] Gysling D L, Dugundji J, Greitzer E M, et al. Dynamic control of centrifugal compressor surge using tailored structures[J]. Turbo machinery, 1991, 113 (4): 710-722.

[21] Fink D A, Cumpsty N A, Greitzer E M. Surge dynamics in a free-spool centrifugal compressor system[J]. Turbo machinery, 1992, 114: 321-332.

[22] 徐忠. 离心式压缩机原理[M]. 北京: 机械工业出版社, 1990.

[23] 薛定宇, 陈阳泉. 高等数学问题的 MATLAB 求解[M]. 北京: 清华大学出版社, 2008.

[24] 李晓黎, 刘宗尧. Oracle 10g 数据库管理与应用系统开发[M]. 北京: 人民邮电出版社, 2007.

[25] 乔弘. 火电厂热工参数软测量关键技术和方法研究[D]. 北京: 华北电力大学 (北京), 2009.

[26] 叶涛. 基于机器学习的软测量技术理论与应用[D]. 广州: 华南理工大学, 2007.

[27] 傅永峰. 软测量建模方法研究及其工业应用[D]. 杭州: 浙江大学, 2007.

[28] 李修亮. 软测量建模方法研究与应用[D]. 杭州: 浙江大学, 2009.

[29] 马鸣太. 以 COREX 煤气为燃料的联合循环发电机组控制策略研究与实现[D]. 上海：上海交通大学，2012.

[30] 褚菲，王福利，王小刚，等. 多级离心压缩机防喘模型与防喘控制策略[J]. 控制与决策，2013，28（3）：439-444+450.

[31] 贾润达. 基于紧连控制阀的离心式压缩机防喘振控制[D]. 大连：大连理工大学，2006.

[32] 王传鑫. 离心压缩机综合控制方法研究[D]. 大连：大连理工大学，2010.

[33] 高闯. 离心压缩机无叶扩压器失速与系统喘振先兆分析研究[D]. 上海：上海交通大学，2011.

[34] 赵丰. 离心压缩机防喘振控制系统研究[D]. 大连：大连理工大学，2006.

[35] 杨传雷. 柴油机相继增压系统防喘振技术研究[D]. 哈尔滨：哈尔滨工程大学，2011.